bon temps 風格生活×美好時光

前進甜點之都：巧克力師的巴黎學藝告白

作　　者　　鄭畬軒
繪　　者　　Hank
主　　編　　曹　慧
美術設計　　比比司設計工作室
行銷企畫　　蔡緯蓉
社　　長　　郭重興
發行人兼　　曾大福
出版總監
總編輯　　曹　慧
編輯出版　　奇光出版
　　　　　　E-mail: lumieres@bookrep.com.tw
　　　　　　部落格：http://lumieresino.pixnet.net/blog
　　　　　　粉絲團：https://www.facebook.com/lumierespublishing
發　　行　　遠足文化事業股份有限公司
　　　　　　http://www.bookrep.com.tw
　　　　　　23141新北市新店區民權路108-4號8樓
　　　　　　電話：（02）22181417
　　　　　　客服專線：0800-221029　傳真：（02）86671065
　　　　　　郵撥帳號：19504465　戶名：遠足文化事業股份有限公司
法律顧問　　華洋法律事務所　蘇文生律師
印　　製　　成陽印刷股份有限公司
初版一刷　　2014年8月
定　　價　　350元

國家圖書館出版品預行編目（CIP）資料

前進甜點之都：巧克力師的巴黎學藝告白 / 鄭畬軒著. ~ 初版. ~
新北市：奇光出版：遠足文化發行, 2014.08
　　面；　　公分
　ISBN 978-986-89809-8-3（平裝）

1.飲食 2.飲食風俗 3.法國巴黎

427　　　　　　　　　　　　　　　　　　　103012308

線上讀者回函

Chocolate Monologue from PARIS

鄭畬軒 著

前進甜點之都 ｛巧克力師的 巴黎學藝告白｝

008　推薦序一　巧克力萬歲──余光中

009　推薦序二　「執著」的巧克力修煉之旅──Liz 高琹雯

010　自序

016　「巧」遇

024　傾心法國

032　巴黎學藝趣

042　層層交疊的蛋糕之悟

052　甜點手感

060　職人無出師

066　米其林三星實習戰場

076　漸入星芒

082　米其林的精準度

092　換幕之必然

098　再見了，Ledoyen

106　重回巧克力本行

116　巧克力地獄

124　巧克力不冒險工廠

130　突破桎梏

136　巴黎居

146　流著奶與蜜的甜蜜之城｜甜點篇

156　流著奶與蜜的甜蜜之城｜巧克力篇

166　真食｜上篇

174　真食｜下篇

182　法國市場

190　最後一盒巧克力

198　後記：融鍊之後

Contents

Chocoholic 01

Pourquoi 02

Commence 03

Entremets 04

Whole World in Your Hand 05

The Never Ending Journey 06

Stagiaire 07

Starlight of Michelin 08

Precision 09

C'est la vie 10

Time to Say Goodbye 11

Chocolate Once More 12

Melting Hell 13

Carrousel of Boredom 14

Liberty 15

Comme des Parisiens 16

The City of Pastry 17

The City of Chocolate 18

Genuine Food 19

Genuine Food 20

Les Marchés 21

Finale 22

After the End 23

巧克力萬歲　余光中

台灣的西餐,尤其是餐末的甜點,近年愈做愈好,甜點更是形形色色,不但種類多元,而且包裝悅目,可口到位,与杯盤相得益彰,簡直從廚藝提升為一門充飢、解饞的唯美藝術了。味蕾敏於他人,手藝又热心与他人分享的鄭畬軒,為了正本清源,精益求精,特地在中山大学外文系畢業之後,去巴黎造課研究巧克力製作,並真正投入餐飲業去實習。其間除了修煉巧克力的功夫,还熟悉了周边的焦糖、泡芙、蛋糕、奶油挤花等等。

在这本書裏,畬軒还说到食安、調色、有机、天然、用油等等食客常有的迷思。總之,此書是一位灵敏而誠懇的美食家親身經驗的自述。他把上餐館下廚房的日常生活寫得不但只是�且有快感,更该提高美感,令人感動。

他雄心不減,很想去巴黎開店,也想在台北立業,讓國人能嘗到真正精美而有回味的巧克力三昧。讓我們祝他成功,讓我們口福升級。

「執著」的巧克力修煉之旅

Liz 高琹雯，美食作家

我認識畬軒時，他剛從高雄搬來台北，一邊準備赴法學藝事宜，一邊販售他自學製作的巧克力。

當時的我仍在律師事務所上班，偶然在網路上發現了畬軒的巧克力，買了數次後，也漸漸與畬軒成為朋友。說來有趣，畬軒本人是個秀氣靦腆的大男生，言談文章間卻往往顯露霸氣，訴說著「我將征服世界」的巍巍決心。空有熱情是無法征服世界的，還須有腳踏實地的執行力、認真嚴謹的求知欲與絕不妥協的職人精神。這些，畬軒都具備了，他也就帶著這些精神行囊，衝往法國闖蕩。

閱讀畬軒的文字無疑是一種享受，流暢如水、自在如風，偶爾透露某種看盡世間的老成，再仔細品味才了解這是勇於接受挑戰的自信。這不是一本巧克力或甜點專書，畬軒在此並未置入太多知識，相信以他的個性，若要寫知識就要寫個透徹，而此非本書目的。他透過本書想說的，是一段他自身在法國學習、發現、自省、體悟的生命歷程，承繼先前自學巧克力的經驗，開啟日後更上層樓的可能。Ferrandi授與他專業烘焙知識，Ledoyen讓他品嘗餐飲一線戰場的滋味，Jacques Génin幫他找回製作巧克力的初心，由畬軒本人娓娓道來，真是一系列引人入勝的故事。而我特別喜歡畬軒自法國深厚飲食傳統照見台灣飲食文化不足的省思，即便法國近年來有關飲食的爭議並不少，法國相對而言仍然較為講求在地風土、文化脈絡、食品定義，台灣卻在一連串食安風暴中迷途顛倒。對於「真食」的執著，應該就是支持畬軒一路修習的一個動機吧。

因此，若你對於法式甜點有興趣、甚至想赴法學習，請不要在本書裡尋找申請建議或留法訣竅。你該看的是這一份「執著」——努力不懈的執著、精進自我的執著、追求完美的執著。對於更廣泛的讀者而言，或許畬軒的文字也能讓你思考自己的熱情何在；若你已很幸運地找到了自己衷心熱愛的志業，或許你會更有勇氣將之實現。

畬軒返台後初次販售的巧克力，一開賣我就訂購了。不同於赴法前花俏的「柚子奶油檸香」、「粉紅胡椒龍眼蜜」等口味，畬軒當次開出的品項是使用了三個廠牌、六種不同可可豆所製作的原味夾心巧克力，期望我們嘗出不同風土的細緻差異。這麼一盒巧克力，宣示了畬軒由自學修煉成專業的信心。

期待畬軒回到巴黎開店的那天到來。

自序

　　去巴黎前，我始終在業餘與專業的身分中間擺盪，不是科班出身，卻投入不輸任何人的心力鑽研巧克力。或許正因為角色特殊，我擁有某種奇妙視野。這視野正確與否、值得參考與否，應該不是主觀如我能回答的問題。但當出版社向我提議出書時，我僅想以一位曾經毫無經驗，只因一片熱血而追夢的年輕小伙子向外呼喚更多的同伴——我想透過這本書告訴他們不要灰心，不要放棄，縱使整個世界都不看好你，人依然可以將熱情轉化成理性、毅力與努力，藉此成長並踏實築夢。

　　然而，並不是每個夢想產生當下都能立即實現。這毫不可恥，我們也無須怨忿，請持續餵養這份熱情與野心，直到羽翮豐盈之際。在那之前，希望這本書能為愛好法式甜點與巧克力之人，或欲略窺法國飲食文化之人帶來些想法。法國甜點之博大精深畢竟不是數萬字、一年半得以道盡，但在巴黎學藝的日子確實是生命中截至目前為止收穫最大的一段光陰。我盡力忠實記錄下校園學藝、業界實習與當地生活的種種體悟與感動，挫折與困頓，只期盼以電光石火之態向悠遠的甜點道上的前輩、同志與未來之人致敬。

01

Chocoholic

巧遇

不論你是否相信，這就是故事的開端。一位19歲的男孩愛上一位女孩，為了在情人節獻上誠摯的禮物而開啟漫漫七年的巧克力製作之旅，從西子灣中山大學到巴黎左岸的斐杭狄廚藝學校（Ferrandi, l'école française de gastronomie），從成天分析西洋文學、寫報告到死盯鍋中焦糖色澤、烤箱中蛋糕及餐盤上擺飾。生命的旅程如何為人開展始終迷人且深不可測，造就這段艱辛卻令人享受的追夢之旅，讓我開始迷戀巧克力，進而選擇前往法國學藝的起因，要從2007年七夕講起。

那年大學一年級，正值青春，西灣彩霞雲霓、山海一體，如此唯美氛圍怎不勾心中愛苗？當時七夕將近，心中盤算要親手做份禮物，讓她感受我的誠意，無巧不巧，我是個雙手非常不靈巧的人。只因時常料理三餐，有接觸烹飪，遂決定挑戰製作情人節巧克力。

受完美主義驅使，我透過網路、書籍研究巧克力，最後選擇用法國巧克力法芙娜（Valrhona）。我永遠記得打開瞬間從袋中散漫而出的幽香，吸上一口都教人起疙瘩。拿刀切了一塊，放入嘴中……先是嘗到一股淡如薰風的清甜，隨後迸現強烈而迷人的果香酸韻，恰似紅漿果，亦有些許芒果、鳳梨等熱帶水果的影子。當酸韻如海潮含蓄退去，可可豆的高雅香氣在舌根隱隱燃起，渾圓厚實，將味覺完全包覆。巧克力由舌尖往喉裡滑，一陣由甜、酸、苦組成的浪席捲而來，先是芳醇如奶的甜香，接著是如雪如浪的水果香酸，最後是沉靜如月光之海的可可氣息，就這麼一波一波地打在心舌之上。食畢，感動久不能已。拿起那包名為孟加里（Manjari）的巧克力，看著上頭寫著斗大的數字「64%」、可可豆產地馬達加斯加，心中納悶它何以有如此卓越的風味。當時有好多疑問等著被解答。現在回想起來，這股在舌上化開的滋味徹底改變了我的人生。在那之前，我本來就很喜歡巧克力，但並不懂「真正」的巧克力；在那之後，只記得自己像著魔似地，一頭栽進巧克力的世界。

踏入偌大奧妙的巧克力世界

　　情人節後，因為無法忘記那美妙滋味，我開始廣泛品嘗其他單品巧克力，這才發現高品質巧克力風味之多元，遠遠超出過去想像，又是煙燻木質、火焙堅果，又是水果酸韻、香料辛芳，與普通巧克力的單調甜味判若兩物。稍加研究發現單品巧的風味會隨著可可豆品種、產區氣候及土質、製作工序而產生極大差異，正如葡萄酒品嘗強調「風土」（terroir），優質單品巧亦可細細品嘗。這個概念對我極具吸引力，它占據理智，成為一股瘋狂的熱情。在未來幾年中，從中南美的古巴、厄瓜多爾、委內瑞拉、多明尼加、格瑞納達，到非洲的坦尚尼亞、迦納、馬達加斯加，再到亞洲的印尼、馬來西亞、越南，甚至是台灣——只要是生產可可豆之地，我便會想盡辦法嘗到該地的單品巧克力。環遊世界對多數人是奢侈的夢想，但我卻透過味蕾繞了世界一遭。

　　那時台灣巧克力產業仍處於嬰兒時期，不論是店家、資訊、學習管道都十分匱乏。周遭資訊滿足不了求知欲，於是我開始用最簡單的關鍵字 "chocolate" 在網路上搜尋，花了一整個禮拜時間，瀏覽數百頁面、成千網站的內容。爾後閱讀實體書籍，發現鮮少有深入探討巧克力的中文書，於是從國外訂購數十本英文、法文書籍，埋首於書堆，全心研究巧克力。

　　許多人總是好奇問我：「你在哪裡學巧克力啊？跟哪位師傅？」我都會說自己是看書自學。「看書自學」很不高級，尤其在業界人士眼中，充其量只是看食譜玩扮家家酒。但我不僅是閱讀食譜，也從歷史、文化、地理、植物學、製作理論、品嘗各種專業書籍中攝取知識。這些知識使我不致於陷入框架，帶來更廣的視野及想法。研究製作的過程令我

所謂「單品巧克力」，係指沒有添加其他食材的原味黑、白、牛奶巧克力。近年，由法國業者帶起講究可可豆種、產地、製作風格的風潮，使得優質單品巧克力的風味細膩多元不少。

完美調溫，光澤熠熠的夾心巧克力。

調溫巧克力，是使用100%天然可可脂、不添加植物油的巧克力。
可可脂會隨著溫度變化而有不同結晶狀態，必須透過「調溫」（tempérer）
穩定其結晶，使巧克力擁有優良的光澤與質地。

//

印象格外深刻，見識到外國將巧克力製作視為一門專業科學，用扎實的
知識理論與科學數據，建立一套讓人可以透過實驗而學習、進步的製
程。調溫巧克力油脂分子結構的多種狀態；甘那許（ganache）的液固
態比例如何影響產品質地、味道、保存；乳製品、糖分、酒精、水分在
巧克力中的作用──這些資訊大大有別於當時諸多中文「食譜」，僅提
供食材份量、作法。它為自己建立扎實的製作邏輯，讓我不僅知道「如
何」做，更知道「為何」要這麼做，這對後來的生涯發展影響十分深
遠。

兩年撞牆困境

不得不承認，自己在前兩年的練習過程中心態十分驕傲。當時懵懂，
認為使用米其林餐廳、頂尖甜點店相同原料很是了得。嘗了市面許多巧
克力，盡覺功力不如自己，加上從國外獲得不少一手資訊，洋洋得意。

某月，有位同學正巧造訪紐約。那時尚未嘗過職人水準的法式巧克
力，想起法國名店「巧克力之家」（La Maison du Chocolat）在紐約
有分店，便託對方帶一盒回來。巧克力之家的創始人蘭克斯（Robert
Linxe）先生是對近代巧克力發展極具影響力的人物。1977年，蘭克斯
建立巴黎首家專賣夾心巧克力的店面，並與原料廠法芙娜密切合作，以
當時尚不流行的產地單品巧克力為原料，製作出不同於比利時、瑞士的
甜膩巧克力糖，奠立近代法式巧克力的細緻風格。他門下更是孕育出許
多往後廣為人知的巧克力大師，間接影響歐洲各國、日本、美國的精緻
巧克力產業。

　　在那之前，因為沒有在台灣嘗過令人感動的作品，心底一直懷疑夾心巧克力（bonbons de chocolat）的最高境界為何，難道只是對單品巧進行加工，稍加改變其造型、風味而已？既然單品巧本身風味如此豐富、有深度，做成夾心巧豈不是畫蛇添足？帶著疑惑、興奮的複雜心情，我打開那盒只有兩種原味夾心的巧克力。嘗了一口，我立即被它細緻、優雅無比的風韻震懾──滑腴似錦綢，外層巧克力與內層甘那許在入口瞬間化成一片，無絲毫稜角，如夜空下萬里靜雪。那是被愛的感覺，被所有的風味分子環抱。闔上眼，無止盡的風味以流星之速，不斷誕生、殞落。頓時，你成了宇宙的中心。當再次張開眼，只知道世界變了。我這才了解原來「原味」可達如此高深莫測的境界。1979年，蘭克斯創造了這個味道。30年後，它穿越漫長的時空之隔，從巴黎到紐約，從紐約到高雄，而我依然能感受當年注入這款巧克力的意念與誠心。心中長久以來的疑惑終於獲得解答，原來這個就是令人感動的夾心巧克力。它不需要添加新奇美味的水果和香料，亦無須以華麗絢爛的造型引人注意。即使只用巧克力、鮮奶油、糖做成的夾心巧，也可以創造偌大感動。我當下便決定這是自己將窮盡一生追求的道──用最精鍊、純粹的味道詮釋巧克力的美。

　　這盒巧克力為我的製作生涯立下分水嶺。它讓我見識到巧克力的浩大宇宙，而我還只是站在地球上；它為我指引出未來的道路，卻也徹底摧毀過去兩年的自信。那時覺得自己好渺小，腦中滿盈那巧克力的偉大。「我一定有辦法做出相同格局的風味！」某晚對自己這麼說。至此後的

顧名思義，夾心巧克力為內層夾有餡料、外層沾裹巧克力的糖果。
內餡以鮮奶油加巧克力製成的柔軟甘那許（ganache）最為普遍，
亦有堅果醬（praliné）、水果軟糖、液態酒糖等型態內餡。

兩年間，日以繼夜，我專注於原味夾心巧克力的製作，地獄般的自我修練正式開始。

「原味」是最簡單，也是最難呈現的風味。簡單在於製程簡便，無添加其餘食材；難也是因為沒有其他風味襯托，必須完全倚仗製作者對巧克力特性的了解，用乳製品及糖這兩種基本食材，在保留最多細節的前提下將風味做得有靈魂、層次分明。要做到以上，其實非常不容易。有些人認為使用高品質食材便可，但倘若製作者技術、品味不足，無法欣賞並適當運用食材，常是扼殺其特質。通常人們容易注意到「技術」的重要性，「品味」卻是常被忽略的一環。品味猶如作家的思緒、音樂家的聽覺，一位巧克力師傅若無精準辨識、分析風味的能力，如何運用巧克力作為素材，創造令人感動的滋味？當時我確信自己有分辨巧克力品質的能力，但製作技術尚無法與品味銜接，遂決定從最基本的甘那許鍛鍊起。

巧克力、鮮奶油、奶油、糖，這簡單的四樣東西成為我往後兩年接觸的唯四食材。像科學實驗般，我觀察巧克力和鮮奶油彼此在什麼溫度最適合乳化；奶油什麼時機、質地加入甘那許；攪拌手法如何影響成品質地；糖分溶解、加熱、冷卻過程產生的不同風味；製作、儲藏環境溫濕度……任何一個想得到、想不到的變因都進行試驗、比對。起初一年當然是頻頻失敗，甘那許油水分離、質地粗糙、保存期短、風味不穩定等狀況不時出現，但我就是不灰心，堅持繼續練下去。最後，不該說是成功，而是把所有失敗的可能都試盡了。看鍋中鮮奶油的水氣就知道溫度；手摸鋼盆便知巧克力融化程度是否足以乳化；知道何時、如何加入糖分會為甘那許帶來一絲迷人果酸；閉著眼睛感受甘那許與塑膠刮刀的阻力大小便知乳化階段。經過兩年單純且密集的鍛鍊後，製作功力大大增進。但這一切成長並未為我帶來真正的喜悅，因為縱使製作技術進步，我始終無法做出如巧克力之家的細膩層次與味道。就技術面而言，

甜味之於甜點是重要關鍵。若過於拘泥少糖，
反而會使風味、香氣施展不開。

我當時做的巧克力已經不差，質地、風味都在水準之上，但不論於香氣層次、細膩度、擴散性、延展性，就是不如當年嘗到的完美之作。

眼見從大學畢業、兵役在即，整整兩年挫折壓縮在體內，內心很是難受。我感到困惑無比，為何就是無法展現巧克力的風味層次？我嘗試過各種增強風味的手段，無一成功，做到最後挫折至極。於是在看似山窮水盡的入伍前兩週，我決定做入伍前最後一次巧克力，心想既然過去兩年一直沒有成果，不如換個方向思考。以前總以為風味層次不夠明顯，所以一直加強巧克力的比例及強度，但那次我決定反其道而行，減少巧克力比例、增加甜度。過了半天等待，從冰櫃中取出甘那許，嘗了一塊，兩年來日夜的苦思、煎熬與挫折一次在嘴中化開，昇華成一陣又一陣的柔煦薰風，重溫當年從「巧克力之家」得到的感動。兩年，18度冷氣房中，經過幾百次失敗，貫徹一心，最後一念之間、一夕之間突破困境，內心感受實在無以言喻。這單純的轉念在旁人看來或許來得太晚，或許當初有個師父教就可立刻學會，但倘若如此我便無機會嘗遍失敗滋味，更無法悟透巧克力製作的精髓。「心要執著，腳步要轉」這是巧克力刻印在我青春靈魂中，永難忘懷的印記。

02

Pourquoi　傾心法國

「為什麼要去法國？」是很多人聽到我喜愛巧克力之後提出的問題。明明就有瑞士、比利時等聲名顯赫之國，為何獨鍾法國？確實，瑞比兩國曾在巧克力發展史上扮演關鍵角色，但由於固守成就、久未創新，讓瑞比平均水準停留在甜膩的工業巧克力上；相較之下，法國顯得格外特別。

20世紀初，法國近代廚藝之父艾斯可菲（Georges Auguste Escoffier，1846-1935）彙整法國自中古世紀一路累積的美食文化資產，將料理技法、廚房作業標準化，奠定高級法餐（Haute cuisine）的精神，使法國成為西方料理的典範。法式巧克力深深沐浴在此文化中，不是英美的工業產品，也不像瑞比的甜膩糖果，而是極度講究可可品種、產地、製程與職人風格的巧克力。法式單品黑巧克力風味多元且細膩，給予味覺演繹能力出眾的法國師傅很大的發揮空間，利用原料再製的夾心巧克力成了追求可可原味與自身創作邏輯的完美融合。

既然愛巧克力，我怎可能對甜點沒興趣？如果將世上所有國家一字排開，論哪國擁有最棒料理，恐怕會有場激烈辯論；但若要選出世上甜點最優秀的國家，無庸置疑，絕對是法國。我保證此話絕無法式傲慢，又或者，若法國人有任何理由感到驕傲，法式甜點肯定是其中之一。

法國甜點的巨大身影籠罩整個現代西點世界，諸國無不奉為圭臬，甜點產業極度發達的日本更是如此。數十年來，大量日本師傅前往法國認真學藝，用可怕的日式執著，將其精髓幾乎原封不動地搬到亞洲，進而影響台灣及亞洲其他國家的甜點發展。法國在時代的路口上註定成為甜點大國，她繼承歐陸各地技術，在國力鼎盛之際發展臻善。並因重視食物，使得甜點文化不斷傳承、演進。當今法式甜點體系穩固，食材、人才、市場都進入令人興奮的嶄新世代。

　　甜點是法國人日常生活不可或缺的一部分。猶如時尚，甜點也講究季節，只用當季最新鮮合時的食材，不斷在風味與造型上推陳出新。走在巴黎街頭，不時見櫥窗內可口的泡芙、馬卡龍、千層派、蛋糕、慕斯、巧克力、冰淇淋、麵包，店家密度、水準之高，堪稱世界之冠，沒有任何國度比法國更適合認識甜點的美妙。而巴黎正是甜點大國名副其實的首善。

　　當遇到有興趣學習甜點的人，我總是大大鼓勵他們前來巴黎。我下定決心前往法國時已經大四，只在學校馬馬虎虎上過一年法文課，之後也沒有補習，中間隔了一年兵役，就直接去法國上學生活了。有些人會先到法國上一年語言學校再學甜點，但這件事對於當時的我不論在經濟或時間上都過於奢侈，所以我直接略過。倒不是認為法文不重要。如果能學好再去，當然能用更全面深入的視角了解法國文化；但如果害怕法文不夠好，為了語言因素退而求其次選擇去英美澳洲學習甜點，縱使標榜法國師資，當地甜點文化與業界強度與法國根本無法並論。學習不僅止於教室裡的技術，耳濡目染的環境更是重要。環境有許多超越語言，只須透過親身體驗、品嘗就可以獲得的寶貴經驗。若只是因為語言而不選法國，因小失大實在可惜。

1　2
　　　3

1 MOF巧克力師Patrick Roger的單品巧克力。

2 泡芙塔（Croquembouche）使用焦糖將泡芙黏合成塔，
　是法國重要場合不可或缺的甜點。

3 巴黎甜點店窗內一隅，各式甜點引人垂涎。

學校老師正在指導巧克力工藝製作。

　　如何選擇甜點學校是我時常被問到的問題，這其實應該是每個人要反問自己的問題。有的學校以全法文授課，有的用英文；有些實習時間很長，有些則短；有的比較貴，有的便宜；有些在郊區，有些在城市。這中間有許多因素，都是需要透過自己深入了解後，才能做出的選擇。當初選擇念斐杭狄的原因，在於它是培育巴黎業界人才的重要據點，教學能力備受肯定。加上有英語授課的國際班，可以減輕語言負擔。最重要的是，斐杭狄提供長達半年的實習機會，這對我是最大誘因，因為我認為能在法國如此高強度的業界工作，透過實作學習是非常棒的事。

　　我一直認為出國學廚藝的心態很重要。有時見人抱著鍍金心態，覺得出國就是過過水，領張證書回台灣秀給客人看，以證明自己曾在甜點殿堂法國學過藝。這種心態實在萬萬不得，連對自身職業基本的尊重與榮譽感都沒有。另外一種心態則是把甜點學校當成食譜供應商，到當地鮮少吃甜點，不鑽研飲食文化，也不願意花時間在實習上，只把學校講義

當成聖經。飲食講基礎，也講變化。如此短時間內學到的東西是基本中的基本，只能稱得上入門，離打穩基礎還有一段很長的距離，更別說自行演繹創變。基礎的形成需要廣泛地接收，不停地鍛鍊。學校所教固然重要，但那只是幾位老師的系統與經驗，把學習範圍擴大到整個業界，甚至是社會文化才是應有的心態。

「喫」在法國既可認真講究，又可隨意浪漫。

品嘗之於師傅的重要性完全不亞於技術學習，我始終相信一位師傅無法做出超越自己品味的食物。為此，不斷提升自身視野及品味是所有職人的重要課題。來法國除了接受甜點刺激以外，其他食材、料理及酒都是很棒的啟蒙催化。風味的運用與掌握絕不是死板的數字與時間，它是一股氣。製作者必須用心感受，才能使之行流如雲水。不管是在巴黎的高級餐廳還是在亞維儂的小館子裡，我都曾因為料理、葡萄酒習悟風味運行的道理。口感的對比與融合，不同風味強弱的和諧，這些味覺體驗不分鹹甜食物飲品，它們是一連串的思考，串連味蕾、記憶與發想的思考。

　　有些人會問我如何能嘗到巧克力中如此豐富的風味，我總說放開心胸體驗、學習品嘗。「學習品嘗？我只吃得到苦苦甜甜的味道，只會說好不好吃，這樣該怎麼學習品嘗？」其實經過多年體會，我發現「味覺」與大眾想像有些不同。它的敏銳度固然如同視覺、聽覺屬天生，卻比其他四感擁有更低的鍛鍊門檻。要成為優秀的定向飛靶射手，天生動態視力肯定要優於常人；但要成為一位能觀察並欣賞風味的人卻不需仰賴太多資質，只要適當提點、啟蒙，通常每個人都有這項能力，而且大多人有此體悟後，不但更能享受，也可將體會細膩的態度帶到生活其他面向。

　　法式飲食的邏輯思想，讓它很適合作為味覺學習、開發的練習對象。提倡風土產區促成同一種食材擁有分眾且精緻的風味，人們也因廣泛品嘗而發展出自身喜好。一旦商品與品味的廣度建立，自然不難孕育崇尚風味的廚師。法國或許不是擁有最多美味食物，亦非最新飲食潮流的國度，但這裡蘊含一股深厚的飲食文化。正是這股力量掀起葡萄酒的新世界、西班牙和北歐的新興料理、日本洋菓子，以及諸多國家的飲食革命。也是這股力量啟蒙了我，讓我開始熱戀巧克力。一個真心熱愛飲食之人很難不喜歡法國，縱使他可能討厭法國人，甚或生活環境，但法國風土飲食哲學的魅力實在令人心嚮神迷。

　　為什麼甚愛巧克力與甜點的人要去法國？我想答案應該再清楚不過了。

干邑白蘭地杯底溢出的光魂。

03

Commence

巴黎學藝趣

步出Saint-Placide地鐵站，巴黎地表滿是光輝，早陽被鴿子羽翼振切成粼粼碎影。行人吐著霧氣，咖啡店門口排起隊伍，客人手裡拿著剛剛才不知從哪買來的新鮮可頌。我轉了彎，走進學校的街道，無法言喻第一次踏入斐杭狄的心情，興奮夾雜著緊張，我迫不及待一頭栽進甜點世界。到法國前，我已經自學巧克力四年，或許正因為如此，我深深體悟到任何學問都深奧如海，出於一種敬畏與執著，我始終沒有接觸甜點。我心想既然自己是張白紙，若要下筆畫上任何東西，那就要去甜點殿堂法國，揮灑一片精采。

Ferrandi，全名為Grégoire-Ferrandi，是由巴黎商業工業工會興辦，其中除了烘焙，還有廚藝、餐旅、皮飾、家具設計等眾多課程。學生以法國高中生為主，也提供許多專業進修課程，我就讀的斐杭狄廚藝學院稱作Ferrandi, l'école française de gastronomie。斐杭狄是法國栽培廚藝人才的重鎮學校，對於多數餐飲人而言，高中就是學校教育的終點，接著投入高強度業界，在一流師傅身旁學習更實際而真實的技藝。斐杭狄的目標便是為學生奠定扎實的基礎知識、技能，讓他們準備好面對業界磨練。我報名的是國際烘焙課程，目標是將業餘外國人士培養成專業烘焙者，共五個月的校內課，絕大部分時間都是廚房的實作練習。五個月後，你會到法國當地一流餐廳、甜點店實習磨練六個月。國際課程一學期只開兩班，一班十多人。同學來自世界八方，班上有來自巴西、美國、馬來西亞、韓國、中國、以色列、波蘭、印度、越南、澳洲，有的人才18歲，有人已是一個孩子的媽，說起來是個非常多元親密的團體。實作課往往是兩人一組，彼此照顧彼此，我也因此認識來法國後的第一位朋友史蒂芬妮。她是活潑的非洲裔紐約客一枚，老愛開玩笑說自己在CIA，只不過此CIA並非中情局，而是美國廚藝學院（Culinary Institute of America）。史蒂芬妮是個戲子，情緒高低起伏好不精采。她愛恨分明，痛恨巴黎及學校，是那種會對朋友脫口說「我愛你」的人。

第一個禮拜，我們的製作主題是塔派。我喜歡這種主題式的排課，一週反覆操作，如此才能在最短時間內熟悉一項技巧。除了糕點外，我們也有麵包製作、法國飲食史、飲食導論、法文及美術，一個禮拜上了這麼多東西，課程密集程度可想而知。

　　我有說過我的手好「不」靈巧嗎？上課首日我就被再次提醒這個殘酷事實。我的老師艾維堤（Averty）先生平時是個滿嘴玩笑話，但對甜點製作嚴格得很的主廚。和那年代多數的甜點師傅一樣，他從很小的時候便當起學徒，經過不少歷練，最後在巴黎美饌老店Dalloyau工作幾十年後退休。在往後學期裡，我不時被他嚴厲指正，難免偶有失落，但很感激老師願意用這麼認真的態度教導我們。起初有同學每次被主廚指責就很沮喪生氣，不過久而久之我們發現自己比隔壁班和善主廚帶出來的學生程度高，對於嚴苛訓練的怨言音量自然就越來越小。主廚見我們自我要求日益變高，他也更有耐心，仔細提點更多細節。這不只是教室裡的道理，高度自我要求在專業廚房更是重要。如果只等著上司發號司令，抱著把事情做完就好的態度絕對不會受到重用。

實作課情景。

老師見我擀塔皮擀得不均不勻，直喊：「Non, non, non！不是這樣的，小子。」他把塔皮拉過去，來回快速擀了幾秒，塔皮變成一片厚薄一致的完美圓形。做吃的就是這麼回事，有人說是「手感」，我倒更愛「身體記憶」這個概念。當練習一項技能夠久，人的身體自然有辦法察覺並掌控更多細節，從器具手感到食材顏色、味道，再到環境的溫濕度，唯有窮盡一切變因，才能徹底練成一門功夫。但在短短的課堂中，手不夠巧、反應不夠快就是吃虧，徒有精神是不夠的。艾維堤主廚要求厚薄均勻的塔皮，要求鋪到塔圈內的塔皮要確實貼合，要求用鑷子夾出漂亮的邊緣。當他不時探頭查看我的東西時，"C'est pas bien!"「這不好，那不好！」不絕於耳。第一天下午，我甚至因為擀不出圓整的塔皮，隔天還得借用主廚捏好的塔皮，慚愧至極。

　　史蒂芬妮對於老師的批評倒是另有看法：「我恨死那老傢伙了！他為何非得這麼刻薄？我又不是繳學費給他罵的！」

　　「沒關係，史蒂芬妮。我們可以把課程錄下來，然後拿上網賣啊！」艾文道。

　　艾文是我在斐杭狄最好的朋友。他是馬來西亞華僑，定居澳洲多年。我們聊天總是中英交雜，他操著粵語腔的中文，有時找不到對應詞，就用澳洲腔的英文代替。「艾文…你真是十足的商人。」確實，他來之前是服裝設計師，對時尚與金錢有著深切執著。他的鬼點子彷彿永遠都用不盡，有趣至極的男孩。

　　接下來兩個禮拜，我們做了不少塔派，蘋果塔、杏仁奶油塔、洋梨塔、覆盆子塔、蛋奶塔、檸檬塔、榛果鳳梨塔……「塔」這項元素在法式系統的變化可說無窮無盡。酥脆、具乘載性的特質使它能與口感柔軟的慕斯、奶油類形成美妙對比。主廚不斷重申「塔」很重要，他甚至撂下狠話：「如果不把塔練好，根本沒資格當甜點師傅。」論法式塔（tarte）與美式派（pie）最大不同是在塔皮厚度。美式派因為慣用有

底座的花邊模型，塔皮厚度不必講究，也因為這樣塔皮通常過厚，內層不易烤透，使得餅殼中心容易有油膩粉感；法式塔則是使用邊緣垂直、無底座的塔圈，使得塔皮必須擀薄到一定程度，入模才能維持塔外美觀、塔內空間一致。薄的優點是得以均勻烤透，使得每一口塔殼酥香不膩。

學校課程安排甚滿，除非是早課，否則課後已近晚餐，頂多利用晚餐時間在城市悠晃，這倒沒阻止我們一群年輕人探索巴黎。下課後我們會跑去小酒館吃飯喝酒，有時週末會去艾文家做菜。艾文說起來很幸運，他的澳洲朋友恰好在巴黎投資過房地產，有一間坐落在靜謐拉丁區的房子。他住在那裡不用付房租不說，這傢伙竟然還把空房間當成背包客棧出租，看到每次下課休息滑著ipad回覆客人詢問，我總忍不住多虧他幾句。

我甚愛拉丁區在萬神殿不遠處的高地。上下起伏的磚頭街道擠滿各國餐廳，這可能是巴黎文化最多元的一條街。「你要吃墨西哥塔可？還是要吃希臘菜？」艾文熱情地問我。「塔可。」我毫不猶豫答道，那幾乎成為我到他家的儀式，兩人吃個塔可或墨西哥捲餅，再沿坡地而下，到當地最棒的甜點店Carl Marletti吃甜點。雖然這家店以檸檬塔與千層派聲名大噪，我卻以為他家的香草閃電泡芙才是店內一絕。直爽乾淨的香草氣味噴放四溢，縱使得花上半小時換兩次地鐵才能到達，我不知為了香草閃電甘之如飴奔走幾回。

說起法式塔派，最經典的莫過於檸檬塔。檸檬塔幾乎可以在任何一家麵包店、甜點店找到，簡樸親民的特質讓它深受歡迎。你若是問巴黎人哪家檸檬塔最好吃，恐怕會有三百種答案；你若問我，我會說是蒙馬特一帶的Sébastien Gaudard。

Sébastien Gaudard位在一條可愛坡路上，有許多精緻飲食店家，值得前往。

座落在Rue des Martyrs的小坡上，外頭披著經典墨綠油漆，低調粉藍的內裝，主廚戈達先生（Sébastien Gaudard）在此持續展現他對甜點的執著。黑森林、蒙布朗、閃電泡芙、檸檬塔⋯⋯他店內的商品無論風味組合、外觀都相當直樸，很難想像他曾在風格強烈的甜點大師艾梅（Pierre Hermé）手下擔任八年的主廚。但他的作品最令人感動喜愛之處，便是在他如何化繁為簡，將一切心力灌注在風味細節上，使得沒有獨到之處的甜點擁有比他人扎實的美味。不怕麻煩成了超越他人的關鍵，現榨黃檸檬汁、現打的新鮮雞蛋、上等奶油、自製糖漬檸檬片，這些看似簡單且理所當然的東西卻不是每家甜點店願意花時間經營的。當別人用榨好裝瓶的檸檬汁、罐裝液態蛋，這些微小細節經過數十年功夫，放大成味道上的偌大差距。

　　咬下那口滑膩清香的檸檬塔，我回想起故鄉食物。台灣庶民食物興盛，簡便、親民是其最大特色。要論細節，出色庶民美食一樣有，但因

Sébastien Gaudard的黑森林蛋糕櫻桃香味抓得恰到好處，濕軟蛋糕體配上輕盈鮮奶油，是迄今嘗過最棒的。

Sébastien Gaudard是我眼中巴黎第一的檸檬塔。

為它便利、隨興的互動模式，讓不夠了解的人覺得它很簡單，沒有也不需要有深刻內涵。這種意識形態對製作者、消費者都是傷害——如果抱著簡單隨興的態度製作，製作者只會做出平庸無味的食物，對生意沒有實質助益；如果消費者先入為主認定庶民食物就是較低層次的消費，人們對用心提高品質的小吃店便不容易產生共鳴，甚至認為是多此一舉。用心店家無法獲得心理、經濟上的肯定，自然也無法久存。

　　也許有人質疑不過是吃下肚的食物，何須耗費心神？但我以為正因食物之於世界事小，有人願意為這般小事付出用心，甚至堅持一生只為呈現微渺的完美，如此勇氣與毅力才是我們社會亟需的價值。生命的共鳴都是從最渺小的事物開始，當我們大力驅策人們關心政治、經濟發展，要努力讀書、找好工作，要守法守德，卻無法被看似永遠不完美的世界滿足，或許是因為我們忘了以小見大，忘了再大的議題本質上都一樣，需要耐心、毅力與一點愛灌溉細節。而有什麼能比一天三次的進食來得更平凡呢？以此作為生命的習題，至少對我自己而言，令眼界增長不少。如果一口檸檬塔都是學問與堅持，那世上凡事諸務不也是？於是，你眼中看到的任何東西再也不簡單了，一點都不。

04

Entremets

層層交疊的蛋糕之悟

對我而言，蛋糕是所有甜點中最華麗的主角。我從不是喜歡抿著小小餅乾配茶的人，我喜歡扎實綿密、充滿滑順油脂、香氣十足的蛋糕，它可以噎死人（那會是多麼華麗的死法）、會胖死人（甘之如飴），這才是我認知中的甜點。

製作巧克力與蛋糕的邏輯恰巧相反。前者使用簡單的結構層次，創造豐富多元的味道；後者則應用多層次結構，創造單純和諧的味道。若是巧克力結構多過三層，吃起來教人困惑；蛋糕若超過三種主味同時彰顯，嘗來亦是如此。

法式蛋糕有三大特點，多層次、味道濃郁，以及口感濕潤。在法國很少看到蓬鬆的戚風蛋糕，法國人喜愛由層層慕斯、甘那許、堅果醬、水果醬、海綿蛋糕堆疊而成的甜點。這些甜點通常以杏仁蛋糕或海綿蛋糕為主體，用輕盈的慕斯或濃郁的甘那許提供濕潤感，再利用堅果或其他元素增加脆度，使得甜點入口產生口感對比。法國人也十分喜愛將水果加入蛋糕中，但並非單純切開水果擺飾，而是透過各種工法，讓水果風味更強烈或持久，例如糖漬、熬煮成果醬或蒸餾釀製成酒。舉例來說，覆盆子塔除了用新鮮覆盆子，裡頭擠有覆盆子果醬，卡士達醬中添有覆盆子白蘭地，用數種不同型態表現食材在不同狀態的風味，這樣會大大加深甜點味道的深度。

我常聽到朋友抱怨法式甜點過甜，我自己有兩種詮釋。一是法式甜點確實加比較多糖，但不像各位想像中那麼誇張，很多時候是社會價值觀對甜味的認知（例如糖造成肥胖、疾病等）帶給人心理的壓力，使人先入為主覺得甜；二是有些人並無法正確認知自己的主觀味覺，錯將濃郁度當成甜度。我曾做過一個實驗，拿兩個糖量有別的甜點給人試吃，不少人說味道濃但糖量少的甜點比較甜。一樣的事也發生在鹹食上，人們對味道單一卻多鹽的料理無動於衷，反而覺得充滿香料的料理鹹度特別重。台灣與法國甜點在食材使用、製作邏輯上有極大差距，因此較少有機會接觸味道層次如此豐富的東西。我們過去習慣的甜點型態，反而是味道相對扁平，但充滿香精的甜點。

　　某次製作過程中，主廚突然嚴肅地說：「蛋糕該是什麼樣子，就是什麼樣子，歐貝拉（Opéra）就該這麼薄⋯⋯」他奮力用食指與拇指捏起一塊虛無，「要是比這厚，像你在外頭看到一些這麼這麼⋯厚的東西」他指間空隙迅速脹大，「那根本就不是歐貝拉！」製作覆盆子開心果蛋糕時也是如此，「客人可是付了錢哪！」主廚十分堅持要我們在蛋糕內部擺滿覆盆子。這也是往後實習的主廚一直告訴我的事——偷工減料是絕不允許，無可原諒的行為。

　　或許正是這種出於榮譽感的堅持讓法式甜點這麼美味迷人。堅持經典究竟是好是壞，一向很難有個定論。經典是經過時光洗鍊留下的美，它是現在之母、未來之根。但若只死守經典，創新、未來又何在？值得慶幸的是，至少在法式糕點中，師傅長久以來對經典的堅持，已讓各樣糕點元素慢慢浮現。人們對諸多著名甜點已有共識，好比說聖多諾黑（Saint-Honoré）就是由千層酥皮、泡芙、打發鮮奶油所組成的甜點，又如巴黎布雷斯特（Paris-Brest）是車輪狀的

榛果泡芙。有人認為這些既定印象會限縮師傅的創作空間，但看看巴黎豐富多樣的創作，實在很難看出任何施展不開的跡象。這些蛋糕彷彿畫布一般，任由製作者的創意揮灑，不論是蛋糕的結構、顏色、形狀，乃至味道都讓人驚嘆不已。如今糕點師得以在更廣的創作空間中詮釋經典，而依然獲得大家認同：「沒錯，這就是它該有的樣子。」他們的創作始終脫不了那幾樣傳統糕點，但仍是家家迥異，風格萬變。我看了法國心底很是羨慕，少了唇槍舌戰，就是堅持與詮釋。你不必和無知無理，自以為是大爺的客人解釋，也不須與喪心的商人爭辯，就是堅持自己認為對的路，勇敢做，努力做，贏了就是你的；輸了，也沒處讓你怨尤。

→ 傳統聖多諾黑是垂直發展，將整個甜點製成塔狀；近年甜點流行解構，圖為巧克力師熱南〔Jacques Génin〕的作品。

↓ 真材實料是無須猶豫的信念。

說到讓人怨尤，法式甜點偶爾會如此。甜點師傅秉持「當地、當季」的製作精神，順應時節的水果作物來製作每個季節特有的甜點。舉例來說，每年五月中至六月底是法國草莓品種Gariguette的產季。這種草莓身形瘦小偏長，卻有著飽滿勾人的香氣與均衡的酸甜滋味。每每到了產季，無須他人提醒，走過水果攤一呼吸便知道它又上市了。在這短暫的一個半月裡，所有的甜點店使勁地用上Gariguette草莓製作甜點。而當時間一到，你只能含淚揮別這份當季限量的美味。這就是他們製作甜點的邏輯，從不打算強迫所有食材全年無休存在架上，而是在食材最天然、新鮮且美味的時節充分享受它。這對生意經營是個良性刺激，讓師傅必須隨著季節構思、改變製程，面對新挑戰；於顧客而言，不斷變動輪替的商品帶來新鮮感，比起每次踏進店中只見百年不變的產品來得有趣許多。

↑ 另家名店Des Gâteaux et du Pain使用法國另一種草莓Mara des bois做成的草莓塔，上頭佐橙花水果凍。
← 巴黎甜點名店La Pâtisserie des Rêves使用Gariguette製作的酥皮草莓塔，以小茴香子作為絕妙點睛之效。

　　回到學校裡，製作蛋糕可遠不如品嘗來得輕鬆。蛋糕烤好通常需要
靜置半天，甚至隔夜，組織呼吸休息才會產生口感與風味穩定的蛋糕
體。為此，蛋糕製程通常會拆成兩天，首日烤蛋糕，隔日做餡料。我
有說過法國人會冷凍蛋糕嗎？在法國期間，台灣鬧出一件冷凍蛋糕爭
議，大意是業者宣稱自家蛋糕是每日新鮮現做，消費者發現是冷凍蛋
糕氣得跳腳，直說冷凍蛋糕不新鮮。這項議題存在很大盲點。影響食
物新鮮度的真正科學因素是細菌量，不論是保存環境、方式與時間都
只是增加或減少細菌孳生的變因。在這樣的認知前提下，我們回過頭
來看，如果做好蛋糕立刻將它送入極速冷凍，快速減少細菌孳生的機
會，這種被法國業界完全採納的標準製程才是衛生的吧。將蛋糕置於
適合細菌孳長的室溫緩緩冷卻，哪怕只是放涼半天的蛋糕，細菌量可
能都比立刻冷凍後存放一個月的蛋糕來得多上千萬倍。

蛋糕風味的形成玄妙無比，四到五層食材堆疊，每層單獨嘗來沒特色，組合後竟是無比美味。烤海綿蛋糕很簡單，打發鮮奶油也很簡單，切草莓又更簡單，要做出令人驚豔的草莓芙蓉蛋糕（Fraisier）卻一點也不容易。這是許多甜點人不容易體會的道理，如何有效運用多種元素促成和諧一體，對比而不衝突的美味。這能力很容易被過度神話，我以為它只是千錘百鍊的體現，一旦製作者將各項甜點技能練至爐火純青，並將自身品味推展至極限，自然會做出美味蛋糕。

　　除了考量味道之外，蛋糕各層搭配的「口感」（texture）亦是一大關鍵。論「口感」一詞，被大眾誤會得深。不知何時開始，廣泛誤用為「風味、味道」之意，但其實它是描述食物入口的質地，也就是食物之於嘴中受器的觸覺。我們應該說某食物的口感是酥脆、軟滑、粗糙、細緻，而非以香甜、清淡等味道形容詞描述之。法式蛋糕口感喜歡強調對比，酥薄千層派配上滑膩卡士達醬，慕斯蛋糕夾著脆硬堅果層，塔皮對比內餡，透過不同口感、溫度產生的風味帶給品嘗者無比歡愉的體驗。

　　有回老師說起蛋糕名稱由來的故事：「大家都知道gâteaux是蛋糕的法文，但你們知道它有另外一個名字entremets嗎？在中古世紀，貴族會舉辦盛大的饗宴，我們說的可不是幾道小菜，而是一餐數十道，甚至百道菜餚！那年頭吃飯像跑馬拉松，菜餚之間都有個休息點，有別於主菜的大魚大肉，這時端出的東西通常是清爽宜人的甜品，也就是entremets──餐與餐之間正是它的原意。」很難想像法式蛋糕從數百年前穿插在烤乳豬與烤孔雀之間的小點，躍升成今日華麗輝煌的主角。如今，蛋糕已不像當年只是一餐配角，而是棒球賽的終結者，完美的休止符。

曾獲巧克力最佳職人的甜點大師艾文〔Jean-Paul Hévin〕的開心果巧克力蛋糕，
以繁覆作工呈現絢麗視覺效果。

　　某日因為辦居留證無法到課，卻因此偷得悠閒午後。我、艾文與史蒂
芬妮買了甜點，在杜勒麗花園坐下。他們倆伸著懶腰，直喊：「喔！陽
光！」當日春暖，人們像渴望陽光的藤蔓散布公園各處，懶洋洋倚在綠
色椅子上。法國人不負責任的浪漫在春天盛開，我很確定當下不只有遊
客，也有許多翹班翹課的人們。比起工作或學校，美麗春陽似乎比較值
得關心。我不怪他們，反而稱羨他們有這般勇氣追求人生如此渺小不足
道的幸福。

　　我始終不喜歡「小確幸」一詞，更討厭甜點被歸類在這個有太多負面
連結的詞彙裡。來法國學藝後，我只知道有群傑出的師傅投入超乎常人
的執著在這些亞洲社會覺得「不重要」的東西上。相信我，沒有任何一
位傑出的甜點師傅覺得蛋糕是小確幸，每塊蛋糕都是靠著一層又一層來
自製作者生命不同階段的體悟交織疊成，那是扎實無比的靈魂的反芻，
幸與不幸，辛酸苦辣，甜美酣暢。蛋糕是他們的人生。

春日杜勒麗水池邊。

巴黎同志遊行。

05

Whole World

甜點手感

in
Your Hand

有些人誤會了甜點，以為只要用料好、配方佳，成果鐵定很棒。剛開始做巧克力時，我也是這麼天真地認為，覺得只要用了Valrhona或Amedei，我的巧克力肯定很棒。但領教過法國頂尖的巧克力後，我才發現好原料、大師配方未必會帶來好成果，製作者自身不成熟的品味及技術往往會糟蹋它們。職人的工作應是認識並發揮食材特色，超越其以往美味，而非使之走味。

原料和配方在資訊發達的現代是容易取得之物。客觀來講，原料用錢便可搞定，縱使買不到特定商品，也不難找到等級相近的替代品；大師成為大師後，共通特點是心胸變得開闊，樂意分享食譜，只要你有心就找得到。但最終回過頭來，出色的職人應積極建立自己的飲食品味，大師配方固然可提供視野、邏輯，但你不能終其一生模仿他人。

除了原料、配方之外，構成美味金三角的最後關鍵是技術。用「技術」這兩個字會給人生冷、機械式的印象，但其實甜點技術如同運動員和音樂家一樣，都講究一種無形的「手感」。投手手臂、棒球與拋物線的作用，提琴家、琴弦與音箱的共鳴，其中有許多難以言喻的細節，需要長時間練習、揣摩及感受，當身體與心理層面完全結合後，才有可能創造卓越。從「會做」進化成「有手感」是一道高牆。如果製作者夠幸運，在生涯早期碰壁，就可以花更多時間征服這項挑戰；也有人洋洋得意一生，始終與此境界絕緣。與其說這是個技術，不如說是種精神。當製作者了解到食材與配方不是絕對，是可以操弄於掌間的因素，而且對它們造成決定性影響的因素是自己時，你才有可能開始鍛鍊手感。

每次班上製作甜點都要評分，只要牽涉到裝飾美感、細緻度的項目，我始終敬陪末座。但有趣的是，只要是製作基本但需要手感的甜點元素，例如英式蛋奶醬、卡士達醬等，我的表現都十分出色。拿英式蛋奶醬為例，它是透過加熱蛋黃使牛奶溶液達到些微凝固，形成濃稠度恰好可作淋醬的質地。蛋奶醬加熱多一分則過熟，蛋黃會凝固形成顆粒，使得醬汁口感變差；加熱太少則會使醬汁過於液態，使用困難。你必須用刮刀耐心地攪拌，一方面不要拌入空氣產生氣泡，另一方面照顧鍋中每個受熱的角落。要用眼睛時時觀察醬汁的色澤，感受刮刀與鍋底磨擦力的變化以知稠度，隨時以此調整火力大小。為何平時技術層面不出色的我可以察覺到這些細節？那正是因為過去四年製作巧克力練就的手感。

　　當然，各種技術有其不同手感，雖偶有相似，但隔術如隔山。某週我們做了享負盛名的歌劇院蛋糕歐貝拉，這蛋糕起初不難，就是將海綿蛋糕抹上充足的咖啡酒液，鋪上一層巧克力甘那許，再鋪上一層奶油霜，重複幾回，最後在上層抹上淋面。咦？我有說要抹出一片光滑平整的淋面有多麼困難嗎？看著自己與同學一個接著一個抹出彷彿走音歌劇的表層，再看老師兩手抓住抹刀輕鬆寫意一抹，一抹明鏡誕生。「我從年輕

歐貝拉是形體薄而口感濃郁的蛋糕。

到退休不知道在Dalloyau抹過幾萬個歌劇院蛋糕了。」這位戰場老英雄得意說著。

另一週，我們的課程主題是泡芙。你必須將麵粉加入煮滾的奶油水中快速攪拌，利用加熱蒸發適當水分，並緩緩加入蛋液，耐心、用力將泡芙麵糊徹底乳化。用雙手並不好對付這黏稠的東西，因此隔壁班老師選擇用機器代為攪拌。猜怎麼著？艾維堤老師不但規定我們用雙手，接下來整個禮拜的泡芙麵糊都是手工製作。泡芙麵糊的黏稠度之大，每當用木匙攪拌半圈，前臂感覺懸著五公斤的重量。麵糊量越大，攪拌起來愈形費力。後來回想起來，很珍惜那個禮拜的操練，雖然回家後前臂幾乎喪失知覺，但唯有親手做過，感受過手工慢速乳化的過程與程度，才有辦法在機器快速的製程中做出正確且穩定的品質。課堂中恰巧有一位前屆學姐回來看老師，她在巴黎六區小有名氣的鹹甜點鋪Gérard Mulot工作，負責的正是整家店的泡芙製作。她說他們從來不用機器製作麵糊，而且每次的製作量至少三公斤起跳。當我們拌半公斤就感到生不如死，我深信這位學姐跟多數男人比腕力，大概可以單靠前臂就輕鬆取勝。

說到泡芙，法國人拿它變的花招可多了。從最基本的圓形泡芙，一大一小堆疊擠花後成了修女泡芙（religieuse），若擠成長條狀抹上翻糖則是閃電泡芙（éclair），可以和千層酥組合成聖多諾黑泡芙塔，也可以做成榛果奶油泡芙巴黎布雷斯特。巴黎大師級名店La Pâtisserie des Rêves的巴黎布雷斯特格外可愛，將一顆顆球擠成圓形，內餡除了榛果奶油外，每顆正中心還灌入濃郁香甜的榛果醬，堪稱是巴黎第一的巴黎布雷斯特了；巧克力大師熱南的巧克力閃電泡芙修長筆直得誇張，內餡沉鬱的黑巧克力香絕對會迷倒任何自稱不嗜甜的人；甜點大師艾梅更推出聖多諾黑季，同時販賣香草、巧克力、檸檬、玫瑰覆盆子、草莓開心果風味的泡芙塔。

　　奶油擠花算得上甜點中最需要手感的項目之一。用虎口束緊一整袋餡料，右手輕壓袋身，左手輔助擠花嘴方向，朵朵雲霓般的奶油頓時布滿整塊蛋糕。擠花是當前法式甜點裝飾很重要的技巧，一個傳統無奇的甜點可以因為別出心裁的擠花設計而改頭換面。逛巴黎甜點櫥窗不難看到各式美麗擠花，花形擠花比較老派傳統，近年蛇形擠花或瓣形擠花算是新穎流行的擠花法。

　　上課過程中，我發現自己對於擠花很感興趣，喜愛原因似乎是因為它與手的親密互動。隔著一層薄薄塑膠，手掌感受袋內餡料的質地、溫度與份量來決定施力大小、擠速快慢、是否該收緊袋子。看著一個又一個形狀從細小的花嘴綻放，一開始可能是歪七扭八的醜陋形態，最後漸自穩定，張顯美感。這過程攸關手感，你可以立即感受到這個擠花與上個、上上個有何差異，每半秒做細微修正，直到爐火純青。吐息之間的一壓一擠一收，世界消失得無影蹤，只見由製作者意志綻放的奶油花朵，緩冉從手掌每份溫柔的力量傳回心裡，滋長成那無以言喻的手感。

1　2
　　3

1 Pierre Hermé的玫瑰荔枝覆盆子口味的蘭姆巴巴。

2 Pierre Hermé各式各樣的聖多諾黑泡芙塔。

3 La Pâtisserie des Rêves解構版本的聖多諾黑。

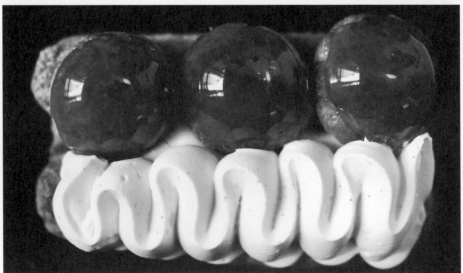

06

職人無出師

Ending
Journey

五個月的學校生活轉瞬結束。同學們各自找好實習店家，摩拳擦掌準備投入業界學習新知。五個月在外人看來可能再短不過，我們卻學習並反覆鍛鍊各種法式甜點技能，從最基本的塔派開始，學做千層酥皮類、蛋糕類、小點、常溫蛋糕、泡芙、麵包、巧克力、法式冰品。入學前，我們只是對甜點或有興趣或有熱情的業餘者，經過訓練後成了具備基礎專業能力，可以被業界使用的學徒。對正確洞悉情況的同學來說，參加學校畢業典禮那天並無過多情緒，因為我們只是從自己的無知無能中畢業，當外人向我們大肆恭喜，我們知道眼前是一條漫漫長路。我打從很早就相信「出師」跟聖誕老人一樣只是傳說。一位餐飲人或許可以因為時代推進超越自己的師父，但如果因此滿足，這個人絕對無法不斷挑戰自我。

有回談論到職業一事，老師放下平日詼諧，換上一副肅穆神情輕聲說道：「做這一行很辛苦。這是一生的事，你每天要在奶油麵粉裡生存。對，你會從中獲得快樂與成就感，但這依然很辛苦。」老師的女兒也想從事烘焙，他卻覺得業界太辛苦，想勸阻但也勸不來。甜點的外在形象確實容易傳達錯誤印象，讓人覺得這是一行浪漫、製造幸福的行業。我聽過太多人說做甜點是他們的興趣，覺得如何有趣云云。不錯，甜點嘗來確實幸福浪漫，但製作甜點是無止盡的磨練，汲取、消耗靈感，以及身心靈力的付出。法國麵包師傅堅持天然發酵製程，早上三點就得開工；餐廳甜點師傅隨著客人用餐時間，常是午夜後才能下班；店鋪甜點師則會因為各大節日忙得不可開交，有時是有家歸不得。工時長、工作量大，初中階人員薪水低，相信我，單有興趣是不夠的，要在這行堅持下去必須有所執著。別人不說，光是我們這屆甜點班的學生，有人實習兩天就落跑了。

全班合影。同學們各自懷抱甜點夢。

　　法國業界大概是全世界甜點最競爭的地方。長期累積而來的堅固傳統不斷培育年輕新血投入，學徒平均在16至18歲時進入業界，累積近十年資歷時才來到年輕的25歲。其他人玩樂時，學徒在做甜點；放假時，學徒依然在做甜點，他們用青春換取經驗，希望在此嶄露頭角。像自己每天熬煮的果醬焦糖一般，熬啊熬，最後熬出頭來。如果你夠努力且幸運，三十前便可立。不過真實世界的廚房是殘酷無比的學習環境，人在裡面大多只能透過錯誤與痛楚汲取教訓，不管是職業傷害抑或嚴苛劍拔的人際關係。看到身旁這些年紀輕輕的學徒，要用自身有限的生命經驗面對這麼龐大而辛苦的環境，也不禁感嘆此行的辛勞，最後為人所見的強者都是淘汰千人所剩下的倖存者。

我們畢業旅行到亞爾薩斯參訪果醬女王法珀（Christine Ferber）的唯一店面。利用水果本身果膠成形，活潑鮮明的風味組合，徹底展現水果產地風土讓法珀女士的果醬名聞世界。

　　那日陰冷，傍晚丘陵昏暗如雨雲，法珀女士招呼我們一行人入廚房，我們圍著大理石檯聆聽她的故事。她說自己很年輕便發覺對甜點的熱愛，她從亞爾薩斯的小村莊跑去大巴黎學藝，學徒時代每天工作16小時，當時女性在業界時常受到欺負、鄙視，她一路挺過來。縱使現在已是世界知名果醬品牌，仍然每天親自工作12小時。

當晚法珀女士特別送我們她用亞爾薩斯覆盆子做的乳酪蛋糕。

她請助手拿來一箱拿破崙白櫻桃，揀起說道：「我們店內的所有水果都是手工處理，沒用任何機器。」我們露出驚訝的表情，她發現了：「沒錯，就連櫻桃去核去梗都是手工。產季光是櫻桃就必須處理五噸的量。我們沒有花俏設備，就是鍋碗瓢盆。」回想自己一路歷程，她對我們說：「一定要做自己熱愛的事」並用近乎氣音的音量說「並且要非常、非常、非常努力。」送別之際，見她拄起枴杖，一拐一拐走向大門。原來她身體早已不堪久站，即便如此她依然堅持製作果醬，這是何等熱情與毅力？當我們羨慕大師、女王之輩的光環時，多少人願意像他們燃燒生命，追求完美？「做自己熱愛的事，你永遠不會覺得累。」她這麼說。

　　有了這些體悟，如何再相信有出師這麼回事？當你發現有這麼多人和你做一樣的事，做得比你好，做得比你久，做得比你有創意，做得比你有熱情，你無法自大狂妄說自己超越了誰，你只會恨不得立刻低頭苦幹，然後祈求自己的努力會讓你在下次抬頭時看見成長的足跡。畢業那晚和艾文在路邊酒吧小酌，我們回望半年來的成長，彷彿出海50年首度踏上陸地的老人。成長得太多了，從一無所知、心無大念，到現在成了獵人，拿著弓箭進入森林狩獵。對，我們學會狩獵，但技術不成熟。森林並不是可愛的地方，而是弱肉強食。就是這份緊張而迫切的生存感推動著我們向前，我們想用甜點師傅的身分在競爭激烈的業界留存，一點一滴學習累積，並幹出一番事業。課程結束了。許多人把學校看成一道門，進去就是璀璨無比的前途；我也是將學校看成一道門，出來是無止盡的畢生修行。

07 米其林三星實習戰場

在微涼早晨裡，我繞了樹林間洋房周遭一圈，這可不是在散步，我在找員工入口。面試時，面試官先生沒問我什麼問題，也沒帶我去認識主廚、同事及環境。於是，我在陌生慌亂的情況下找到地下室入口，問出更衣間、甜點部位置。推開門，我將手伸入黑暗找電燈開關，米其林三星廚房在閃爍的螢光燈下展開。廚房裡空無一人，離上班時間還有15分鐘。

會進到這間餐廳算是命運湊合。當初學校分配實習名額時，我考量到實際學習效益，放棄前往某些名店實習。

「老師，我想要被操，我不怕苦。我想要大量瘋狂地工作，我到底該去什麼地方好？」

老師吊兒啷噹倚著攪拌機，眼珠子滾進腦袋思索一陣便說：「那你去一間餐廳吧。那可是很好的餐廳！」他�’嘴點頭。

於是學校主廚幫我約了面試，餐廳是一棟在香榭麗舍大道旁的獨棟老洋房——Pavillon Ledoyen。面試之前，為了了解餐廳風格，我已在餐廳用過一回晚餐。人生第一次見識米其林三星菜色、服務的格局，深感震懾佩服，餐畢便下定決心要在此實習。Pavillon Ledoyen這間餐廳最早始於1814年，1842年遷至目前位置，在此屹立不搖150餘年。時任主廚勒斯凱先生（Christian Le Squer）來自法國北方布列塔尼省，擅長海鮮料理。2002年為餐廳摘下米其林第三顆星後，與團隊保持此殊榮至今。

↑ Ledoyen如畫的美食創作。 　↘ 甜點廚房一景。

　　我開始逛廚房，翻櫃子拉抽屜，希望能預習器具物料擺放的位置。這是我從業餘進入職業生涯的第一步，也是非常有重量的一步。一個到法國半年、不諳法語的台灣小子進去餐飲界最高殊榮的米其林三星餐廳的甜點部實習，多讓人心澎拜緊張。不久後，第一位前輩推門進來，她叫伊莎貝爾，簡單自我介紹後，她開始分配工作給我，製作香草布蕾、檸檬蜂蜜糖漿、巧克力跳跳糖及其他備料。那日週一，整早廚房就只有我與她兩人，忙到中午休息，她叫我一同吃飯。空無一人的員工餐廳裡，我用破爛如巴黎地鐵的法文打破沉默，和伊莎貝爾聊天。她是葡萄牙人，藍帶廚藝學校出身，先後在英國和法國甜點店及餐廳工作，之後來到Ledoyen。她全權負責製作餐廳的麵包，不論是迷你長棍、燕麥布里歐什、橄欖麵包，還是每餐結束後必上的布列塔尼傳統甜麵包Kouign-amann，一概出自她的巧手。某次見她不到三秒便將一大條麵團切成十多份，每份重量絲毫不差，功夫可見一斑。

「我的法文不太好，廚房裡其他人會講英文嗎？」我大膽地用英文問她。

　　「我是廚房裡唯一會講英文的人。為了你好，我想你應該要多講法文。」這也是伊莎貝爾與我接下來日子裡最後一次的英文對話。

　　午飯後其他前輩，侯曼、克里蒙、馬恰斯，包括甜點主廚葛哈（Gras）先生都進廚房，正式開始法國暑假結束後第一個營業日。主廚把我分派給馬恰斯，也是負責準備宴會甜點的前輩。由於歷史淵源，Ledoyen是巴黎市區內極少數座落在公園內的獨棟餐廳，週末並未對外營業，卻時常接辦各種宴會，馬恰斯便是負責製作這些甜點的人。

　　馬恰斯領著我，叫我準備一些器具，並問：「你擠花還行嗎？」

　　「嗯，我可以的。」我答道。

　　「好，那你好好看我怎麼做。」

他開始在迷你塔皮上擠出一顆顆圓滾滾的檸檬奶油餡，迅速示範幾個後，便把擠花袋交到我手上。馬恰斯是個俊美的男子，梳著整齊旁分的深棕色頭髮，眼神中有些頹廢氣質。他總是帶著淺淺的微笑，但感覺得出來那並不是源自快樂，而是他的一百零一號表情。有回操作真空液體，真空袋意外爆開，請他過來幫我。他看到現場，只緩緩將頭轉過來，冷冷地笑說：「我們現在怎麼辦？」當下氣氛凝結數秒，簡直比真空室的12度室溫還冷。我自始至終摸不透他，他與廚房其他成員也一直有說不上來的距離感，一位彬彬有禮、冷峻，工作極有效率，也不太在意別人的帥哥。

侯曼和克里蒙，雖然是兩個人，但我一定得把他倆介紹在一塊。侯曼是個塊頭極大的巨人，190公分的他握著主廚刀像把玩具似的；克里蒙正好相反，他身高160出頭，在侯曼旁邊感覺又更小隻。他們倆情同兄弟，每天在廚房裡一起工作，打鬧嬉笑。有時玩得過火惹得對方動氣，合作起來卻也是默契無間。侯曼個性爽直，第一個禮拜我被他教訓得厲害，一旦出錯他就會從高於常人丹田位置發聲大叫：「不！不不不！不是這樣做！」做對就會走近你開玩笑調侃：「做得不錯嘛！」克里蒙則是和氣先生，疾言厲色似乎不是他的天性。每次有問題，他都會給予最耐心的建議與指示，並附上一抹「我懂你」的鼓勵微笑。他的EQ極高，不管是夥伴還是主廚拋出不合理的要求，他都會用很輕鬆的態度面對並全力完成。

→ Ledoyen另一道經典甜點，是巧克力堅果冰糕與焦糖的組合，
　 一旁的巧克力跳跳糖更令人感到新奇有趣。

我上工的日子正逢法國暑假結束，經過整個假期的休息，餐廳全員上緊發條，重新進入狀況之際。前幾日實在辛苦，語言不通嚴重影響工作，連拿什麼東西都搞不清楚，時常惹前輩不耐煩。有次馬恰斯要我拿一種特殊鍋具，我來回跑了洗碗房三次都沒拿對，他只好用招牌冷笑回應我，並親自帶我去找了出來，拿著那只鍋子在我眼前慢晃：「這就是鍋子，懂嗎？」那段時間感覺很糟，因為語言隔閡而無法伸展滿腹鬥志，精神往往耗在鴻毛小事。馬恰斯令人精神耗弱的冷箭、侯曼的怒吼、主廚的不解與不耐，讓本來就已經不容易的工作更加緊繃。

　　侯曼似乎察覺到此事，有天把我拉到旁邊，來一段男子漢談話：「畬軒（他的發音總是在軒與涮之間游移），我知道你有時候聽得懂我們的要求，有時不懂。不懂的時候就要問，不要怕我們罵你。」他表情變得柔和些，「所以你剛剛應該有聽懂我在說什麼吧？」我跟他都大笑了。有，我確實聽進去了。

　　隔天，我放下遲疑，開始拚命發問。前輩似乎樂見此事，給予更多建議與指導。我也很識相，把洗碗槽的工作占為己有。原來大家習慣各洗各的用具，我全部接手清洗，讓大家可以立刻回到崗位繼續工作。到第四天，我已更了解廚房運作，排除陌生緊張情緒，諸事漸漸上手。主廚把這一切都看在眼裡，從一開始的不信任，轉而對我產生興趣。他看到我很有拚勁做事便會咯咯笑，露出一副「怎麼會有這麼拚的傻瓜」的表情。

甜點主廚葛哈先生個頭不高，頂著一顆大光頭，戴著眼鏡，是個脾氣溫和的主廚，除非闖下滔天大禍，否則大多時候他只是發出無奈噴聲或長嘆：「不是這樣做的…！」他手中甜點與巴黎近年炫麗的風格大相逕庭，風味樸實經典，很愛用新鮮水果製作甜點。他的水果甜點絕不是擺上水果這麼簡單，葛哈先生會將水果元素拆解、縮煉再組合，以我極愛的一道蘋果塔為例，他用了三個不同品種的蘋果，一種以焦糖翻炒後，加入蘋果酒烤到吸滿酒汁；另外一種是用橄欖油、香草植物香煎；最後則用青蘋果製作雪酪及果凍。一樣甜點蘊含如此截然不同的蘋果風味與口感，有紅的、綠的、烤的、煎的、釀作酒的、做成冰的、凝成凍的，試想這樣甜點入口，滋味多麼豐郁？簡直如春風中百花芳香，各種滋味從味蕾每個角落綻放，是酸、是甜、是生、是熟、是春、是秋。我過去一直不甚喜歡水果甜點，覺得多數缺乏和諧度，只是將水果與甜點湊成堆。但在葛哈主廚身上，我徹底見識到「風味融合」的藝術。他的邏輯十分簡單，就是透過細膩多元的工法在扎實講究的食材上反覆琢磨，最後煉得真金。

第一天下班的情景依然記憶猶新，回家身體因整天緊繃而痠痛不已，隨便扒幾口飯便睡去。接下來一個禮拜裡，身體的疼痛慢慢褪去，我也漸漸融入團隊節奏，接手任務越來越多，越來越有份量。轉眼間就到禮拜五，快得讓人難以相信地下室之外的世界已經流轉至此。

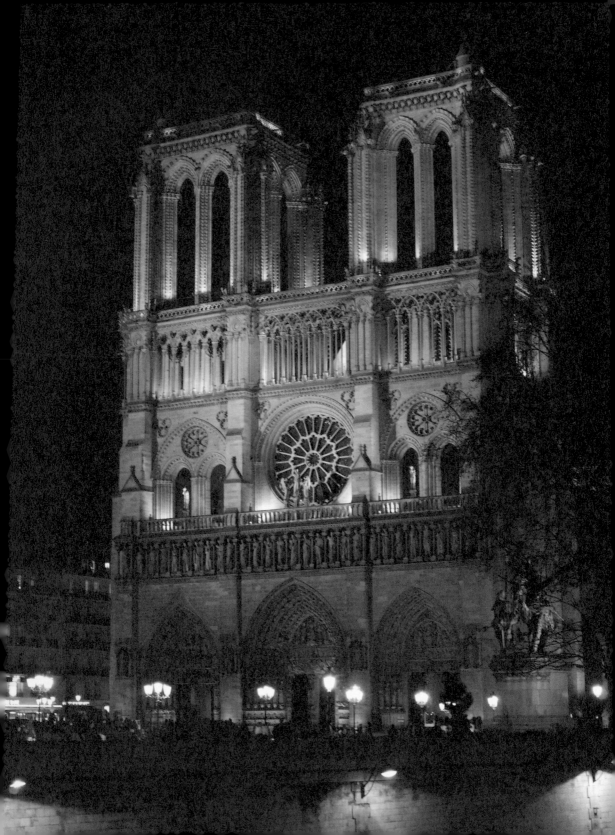

08

漸入星芒

Starlight
of
Michelin

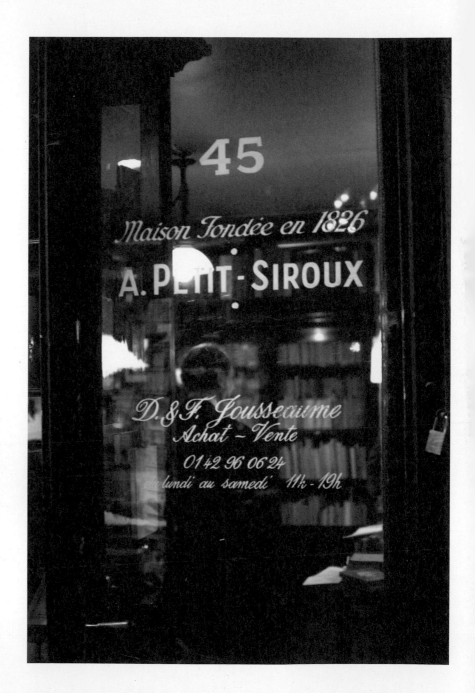

在習藝路上我是個苦行者，沒有超人般的身體記憶，就是不斷苦練直到突破瓶頸，再找下個瓶頸，有些人稱此為自虐。

「既然都進米其林三星餐廳了，」躺在床上迎接週末的我心想：「那我乾脆全賭上了！」。

事情是這樣的，甜點房共有三種班表，早班從早上九點到傍晚六點，晚班從下午三點到打烊，最後一種則是最為人詬病的「天地班」，早上九點到下午兩點，放風四個小時再回來上到打烊。當時有個瘋狂的想法占據心頭，我想要跟主廚要求一天上兩班，從早上九點一路做到打烊。

「你瘋了嗎？」美國同學跟我聊天時驚呼：「你這樣等於完全沒有私生活了！」

「我知道啊⋯但我還是想這麼做。」就像自修巧克力一樣，我相信任何學習都需要一段近乎機械式的操練過程，而我當前身處最佳的練功場，此等良機豈能放過？

主廚聽到時愣住，轉向兩邊的空氣聳肩笑了，彷彿想尋求誰的認同說：「這小鬼瘋了嗎？」可惜當時前輩都不在廚房裡。

「你不能這樣做，奫軒。」

「可是主廚先生，我想工作，我要工作才能成長！」來回反覆爭論之後，主廚靜默一陣後便說：「好吧，你想做就做吧。」

於是我開始從早上九點到半夜一點的瘋狂練功之旅。

餐廳甜點與店舖甜點的不同在於機動性，因為客人在桌食用，甜點受到最少時空限制，讓我們得以做出無法長時間陳列的甜點型態，但這也意謂要從無盡的可能性中端出令人驚豔的極致呈現。盤飾甜點講求多重元素、精緻、速度，以及越多越好的感官刺激。這都是令我很感興趣的面向，也是因為這樣，我最後選擇餐廳而非甜點店舖實習。我深信精緻塔的頂端、火速出菜的壓力可以讓自己在短時間內獲得最大成長。

Ledoyen的甜點部分成兩區，位於地下室的製作區與頂樓的出餐區。前兩個禮拜的日子都在地下室度過，那是一切甜點產出的地方，但那裡只負責準備每樣東西，頂樓才是將所有元素組合成夢幻甜點的夢工廠。

「我離開之前一定要上去頂樓和大家一起工作！」我對自己這麼說。但我很清楚樓上的重量是什麼，那是米其林三星的出菜口，是主廚與資深人員的戰場，絕不允許失敗。如果要上去就得拿出實力，而對初入行的菜鳥如我，得拚上十二萬分的努力才有可能辦到。

前兩個星期是爆炸性學習，我必須學習各種技術、配方、廚房明規（以及潛規則），每個人都有自己的一套做事方法，我今天跟誰就得照著他的習慣走。有天帥哥馬恰斯趕著出宴會甜點，偏偏其他人都在頂樓出餐，看他用充滿猶豫的眼神叫我過去幫他，我簡直樂壞了。我在黑巧克力榛果雪糕旁擺上兩條精緻的長方形可可脆，並擠上由大至小的五個圓點。之後在巧克力雪糕上擺一條圓柱形檸檬雪酪，上面以完美間隔擺著五顆糖珠及五片45度斜角的糖漬橙皮。裝飾時，後方四位黑西裝服務生端著銀花雕盤就等著你做完甜點，當下有種「這才是刺激的餐廳生活」的感覺。我很確信自己帶著微笑完成這次任務，因為那是我第一次感受出餐壓力，在極短時間內追求完美的快感。在那當下，你根本聽不到任何聲音，眼前事物都慢了下來，只見眼前甜點與自己的手。出完後馬恰斯回過頭來，用不太好意思憋著笑的口氣說：「謝啦。畬軒。」在

那之後，雖然還是常被他碎念，但他開始把我當成可靠的人，不再猶豫該不該把工作交給我。信任就是這樣點滴累積而成。

　　巨人侯曼倒是第一個開始重用我的人。每當他發現我能勝任某樣工作，他就很樂意地將一項責任往我身上丟，他多份清閒，我多份磨練。某晚餐廳客人不多，主廚見出餐已過顛峰時刻，把我叫了上去。「侯曼，你帶奓軒做出餐吧。」「好的，主廚。」主廚脫下圍裙，踏出迴轉樓梯下樓，兩坪大的甜點出餐房裡只剩下我和侯曼。說也有趣，一當主廚離開後，我在侯曼身上看到前所未見的氣宇，他聲音變得更渾厚、有自信，開始大聲喊單：「奓軒，請準備開胃點心兩道！兩個奶油酥餅！」我滿是幹勁答道：「好的！」那是我第一次參與出餐，在米其林三星餐廳的廚房實際參與出餐，不是備料，不是製作，而是在頂樓的戰場前線出餐。我好興奮好緊張，縱使做的根本不是什麼了不起的事，也不是忙碌時段，但那時我才真的有踏入團隊，被當成一員的感覺。

以蛋白霜烤成盤狀，作為餐後點心的華麗載器。

「嘶！」一陣火熱刺痛燃上手背，回神發現右手被狠狠烙傷。原來是熱麵包的烤箱門彈簧故障，我隨手拉開，整面滾燙鐵門直接落在手背上。雖然當下應該沖水降溫，但心想第一天上樓豈能漏氣，硬著頭皮繼續出菜，熱麵包、準備茶點、準備餐廳很有噱頭的開胃甜點盤。一道接著一道甜點遞給服務生，服務領班好奇地向侯曼打聽：「這小伙子哪來的？日本人？」

在搖晃的地鐵上，我盯著手背腫脹破裂的水泡，不禁沉醉在當晚戰場前線的光景。我渴望爭取更多時間上樓，心想既然主廚主動叫我上去，就是願意訓練我。只要努力表現，一定會有機會！接下來一個禮拜，每次洗碗剝皮見肉的傷口都會提醒我更拚命。主廚越來越常把我叫上去幫忙，他也漸漸養成習慣，一旦有別部門的朋友來串門子，他就會扯起嗓子熱情介紹：「這小子叫畬軒，是台灣人。他工作做得非常棒！」成就感達到顛峰的一刻是餐廳行政主廚勒斯凱先生來巡視時，葛哈主廚向他大力稱讚我。勒斯凱先生曾到高雄客座兩回，所以見我是台灣又是高雄人格外感興趣。「我去過高雄喔！」他帶著調皮的得意神情，不時將手裡把玩的野草莓塞進嘴中：「那裡好暖和，而且人很熱情，我在那感覺像是搖滾巨星！」

一天兩班的瘋狂旅程在那週五結束，主廚凝重地勸我正常上班就好，我的身體也這麼說，於是我欣然同意。每天工作16小時固然僨人，但不論當時抑或今日想起，我只感到無比光榮且快樂。曾經，我在米其林三星的廚房毫不退縮挑戰生心理的極限，不但辦到，還受到肯定。對初出茅廬的新手而言，這份經驗彌足珍貴，一生難忘！

→ 古雅內裝中的等待。

09 米其林的精準度

Precision

米其林三星餐廳究竟是什麼？在撲朔迷離的審鑑制度，鐘鳴鼎食的大排場中，外人很難真正看清它的原貌。姑且不論個人喜好及評鑑標準，能獲得三星的餐廳通常不只有兩把刷子。而我有幸在法國巴黎其中一間實習，時間雖短暫，卻也看到許多發人深省的事物。

無法量化的味覺細節

台灣人上餐廳吃飯講求C/P值，也就是所謂的性價比。這個詞說來有趣，雖然名義上是將capability（功能）除以price（價格），但實際上吃飯哪有什麼功能，不就是吃飽而已。於是C/P值成為一個空泛、主觀的詞彙，當一樣食物不夠豐盛、不夠便宜時，或價格超過人們心中所想的成本時，C/P值就是低。倒不是豐盛、便宜是錯，而是食物在功能之外尚有很多值得欣賞體會之處。當我們習慣用比價比量的思維衡斷飲食，很容易忽略，甚至扼殺細節之美。

米其林三星餐廳共同的特徵就是「一食萬錢」，你絕對找不到跟「便宜」二字沾得上邊的三星餐廳。有人會揶揄餐廳的價格，質疑一頓300歐元的大餐是否真比一頓10歐元來得美味30倍。但我想說的是，美味的細節無法被量化，唯有當事人的感受才是無比真切。而如果他不願意放下成見去認識餐廳對食材的講究、主廚的精神、服務的用心，只不斷在腦中複誦「30倍30倍⋯」，或許離開餐廳可以因為嘲笑自己花冤枉錢，再從換算這餐可以吃幾碗肉燥飯而獲得快感，但客人卻沒發現自己先關上感官五門，錯失體驗新事物的機會。米其林發展至今，已成為全球最廣為人知的餐廳評鑑制度。任何制度都有為人詬病之處，倒也不是說米其林認證的餐廳就一定完美，但反過來說，米其林餐廳也不是毫無可取之處。

米其林評鑑最為人詬病之處是多數人普遍認為存在「餐廳裝潢夠高級才拿得下星星」的潛規則。
雖然這個規則在日本當地餐廳被打破，但西餐世界依然少見裝潢樸實的餐廳奪星，
使得追星餐廳紛紛砸錢升級硬體設備。

在法國旅行時，我往往是選定一個地點，查好當地有什麼特色餐廳，訂了接下來幾天的午晚餐，就拎著行李出門。每當我拜訪米其林餐廳，我會盡量將感官保持在最敏銳狀態。當然體驗好壞各有，但我始終叮嚀自己絕對不能一屁股坐下，封閉感官並期望盤底竄出金色飛龍。特定美食固然令人驚豔，卻也存在另一種反向、沉著的蘊力一樣令人感動，需要靜心細品，才能領略其美。吃，本該是享受。坐下來，靜靜地讓主廚的精神透過食物風味傳達到你的腦中。我想，這比起盼求在一口牛排中嘗到300歐元的味道來得實際、輕鬆，而且享受許多。消費者總是追求被驚豔、震懾的感覺。但有時候抱著錯誤的期望接觸，不但會換來失望的感覺，更錯失認識它背景的機會。當我不習慣、不喜歡、不能接受某種經典的味道，我不會直接否定它。別人可能花了40年生命使之臻於完美，而我們卻只用了40秒，以自身狹隘的理解去窺視這份情感或文化，豈不可惜？

我保證，您花的每一分錢已包含在用餐體驗中

回到價格議題上，米其林餐廳雖貴，但絕對也是餐飲業中成本最高的餐廳。尤其是三星餐廳，他們投入在裝潢、器具、食材及內外場人員的成本驚人，有時甚至到盈虧勉強持平。這用亞洲的經營邏輯來看看似詭異，哪有人要做這種不賺錢的生意呢？其實，許多米其林三星餐廳依附在大飯店下，它代表著飯店門面，只要餐廳可以增加飯店聲譽及客流量，他們願意投入大量成本打造一間不賺錢的頂級餐廳；另外一種情況是獨立餐廳的主廚奪得三星，靠三星本店宣傳主廚名聲，同時再開多間較便宜，也較能賺錢的餐廳館子，以小養大。

以麵包酵母為風味主題的甜點，上頭是薄如蟬翼的糖片。

因此，縱使三星一餐要價不斐，這確可能是你此生吃過最划算的一餐。客人花費的每一分錢都投入用餐體驗中，因而造就許多餐廳不可能有餘力經營的細節。以我實習的Ledoyen來說，餐廳員工數比最大客人數還多，廚師、甜點師、侍酒師、服務生、泊車員，這一切人力可以轉化成高技術密度的時間，用來創造令人驚豔的細節。

甜點房的細節

廚房根本沒有魔法，只有用時間與辛苦堆積而成的成果。我們在高級餐廳吃下的每一口食物都是廚師的青春，這是我在Ledoyen的極大感觸。我實習第一天做的第一件事是刨杏仁，將一顆顆去皮杏仁粒在細小的刨絲器上來回磨絲，杏仁絲會沾裹在蛋白霜上，裡頭包有覆盆子果餡。杏仁絲在整道甜點中只是口感與香氣的點綴，這麼小的元素卻讓人折騰萬分。首先，因為杏仁小而脆弱，要用手指捏住刨絲並不容易。我必須注意捏力、磨速，以及自己的手指……

餐廳一隅。

有時一閃神，或者杏仁斷裂，手指就會受傷見血。連續刨一個半小時，手指和手腕早就痛得不能自己，這就是我每個禮拜一進廚房做的第一件事。

切焦糖軟糖是主廚親自派給我的第一項任務。葛哈先生總是要求絕對的完美，不容絲毫妥協與退讓，哪怕只是給客人餐後配咖啡的焦糖軟糖，都必須大小一致。我說的是完完全全一模一樣！一塵不染，不能有丁點刀痕、指紋、壓痕、細紋。焦糖軟糖具黏性，要漂亮下刀並抽離並非易事，必須屏氣凝神專注於自己下的每一刀，才能切出菱正的方形。切好不能用手觸碰，必須小心翼翼用小抹刀從底部舉起軟糖，再放到鋪有防沾黏塑膠片的盛盤上。

如果細小之處都願意下這麼大的工夫，那各位便不難想像主甜點的製作是多麼講究。以Ledoyen餐廳的招牌甜點葡萄柚雪酪為例，最底層是花費三天糖漬的葡萄柚皮，再來是用蜂蜜檸檬汁（檸檬皮與現榨果汁）浸泡的葡萄柚果肉，再往上是用三種柑橘水果製成的雪酪，必須先讓雪酪穩定成型，再打成冰泥，用擠花袋擠入管狀模型，冷凍後用手指推出，再湊成三條切齊擺上。覺得很複雜嗎？這道甜點還沒結束呢！雪酪之上是羅勒糖片，要將新鮮羅勒丟入熔化糖液中萃取風味，最後鋪成薄薄一層，切成大小一致的長方體，上頭抹上由新鮮柑橘熬煮成的橘子果醬，再撒上羅勒碎，最後在盤上用羅勒、柑橘醬汁點綴這道甜點。一道甜點有八樣獨立元素，每個元素都必須歷經多日製作，這就是我們在一道米其林三星甜點投入的用心。細節裡是否有魔鬼我不知道，但肯定有血有淚。

招牌葡萄柚雪酪甜點。

米其林三星的精神

　　我有時回想，人生首次進入專業廚房工作，便能到三星規格的餐廳是多麼幸福的事。幸福，倒不是因為偶爾可以嘗到料理組出剩的高級美饌，也不是在製作甜點時偷吃切邊；幸福是因為這裡有無數磨練，每一天都有新的挑戰。只要你願意，可以獲得無限成長。

　　進入Pavillon Ledoyen，巴黎最負盛名的米其林三星餐廳之一實習，朋友們總殷切詢問是否學到新技術、配方。我回答：「當然有。」但心中明白那不是重點——技術在於千錘百鍊，只要有心，任何地方都可以磨練；配方如秋日落葉，彎腰一揀，便可挑得。我當初選擇進入餐廳系統，而且選的是巴黎最頂級的三星餐廳，是因為想要見識此處人們的態度。究竟是何等精神讓此團隊維持十年不墜的三顆星，星星背後的價值究竟為何。

連配咖啡的焦糖軟糖處理起來也是一絲不苟。

米其林三星，光是聽聞此詞就讓人聯想到高級、一絲不苟的餐點。但我們對於「完美」的認知或許太過單純，這想法在廚房門口就會被擋下，直到真正進入廚房工作，才發現「完美」需要多麼可怕的執著。從踏入廚房那刻，我們被賦予無數任務，切水果、煮焦糖、打蛋白、裝飾甜點、雪酪灌模、製作甘那許、糖漬水果、烤蛋糕、煎可麗餅、煮製餡料……過程讓人忙到無法察覺任何飢渴、倦意、疼痛等生理機制。直到下班推門離開，才終於有屬於自己的一分鐘，疲憊才席捲而來，傷口才開始發痛。

　　小時候老師總教導我們要專心做一件事，萬萬不可一心二用。在三星廚房，前輩期望我一心三用，可以的話，四用、五用都不嫌多，而且要做得比一心一用還更好。處理蘋果、煮焦糖，同時惦記烤箱內的餅乾、火爐上的植物膠、急速冷凍庫裡的雪酪、樓上出餐組的甜點要件。喔，別忘了，以上不但要同時進行，還要以「三星級」水準進行。焦糖多煮一秒，香氣不對了，主廚嘗完說：「Ça va pas.」（這不好），就得重頭來過。

　　做甜點的mise en place時（事前準備，一切就緒之意），我們必須思考自己所做的每件事會如何影響甜點之後的儲放、製作與使用，「這樣的大小是否會導致出餐困難」、「推疊是否造成變形」、「如果現在放入冰箱，半小時後是否夠冷」、「用量到大後天是否足夠」。任何一個細節都可能影響未來出餐，而星星的光芒不允許絲毫暗沉。

我們甜點部門分成地下室製作組和頂樓出餐組。非用餐時段時，大家在地下室準備甜點；用餐時段，二至三位人員會上樓，根據客人點菜，現場組裝、製作甜點。出餐組可謂餐廳最重要的關口，在那裡，事前努力將化成一道又一道的甜點，呈獻給客人斷定好壞。下午兩點半至三點通常是甜點出餐組的尖峰時刻，侍者不斷送單，主廚以宏亮音量快速喊著：「巧克力甜點三道、十桌的葡萄柚雪酪可以出了！畬軒，麻煩準備四份前點心、兩份餐後點！我來做蘋果，克里蒙，你負責處理剩下兩道焦糖甜點！」在兩坪不到的狹小空間，三人肩負米其林沉重的三顆星芒，與時間壓力奮戰，焦糖脆片的長度、跳跳糖撒落的範圍、盤上的斑斕醬汁、蛋糕上橙皮的角度、冰淇淋的溫度，每個細節都要做到毫無妥協的完美，才能無愧於Ledoyen之名。無論私下我們是多麼平凡的人，當我們將甜點放上侍者端盤，送到客人面前那一剎那就是米其林三星級的甜點，我們就是三星級的職人。

　　廚房裡的大家都是抱著如此決心工作，不論是在地下室還是頂樓；早上六點的麵包，抑或半夜兩點的收工整理。那是追求責任與榮譽的態度；身為一個團隊，不讓彼此及客人失望的態度。你問我這裡工作壓力大不大？我會說：「大，但甘之如飴。」第一次就可以和這麼可怕的一群人工作，得到的絕對不只有技術與配方。態度，態度才是最珍貴的寶物！

→　優秀的餐廳需要內外場人員通力合作完成。圖為花神咖啡館內情景。

換幕之必然

時序漸入冬，不復見巴黎璀璨的晴日，取而代之的是灰沉沉的陰天。每次推開協和廣場地鐵站出口閘門瞬間，吸入一口飽滿冷冽，身體會強迫自己忘卻睡意，如闖關遊戲快步通過對行人極不友善的廣場號誌。香榭大道在我眼裡一直是俗不可耐的地方，除了起點，也是Ledoyen到大小皇宮一段。這裡兩側滿是大樹綠茵，與凱旋門附近喧囂的購物區有著天壤不同的氣質。

踏進廚房，那天多了一位新面孔，他與所有前輩熱切打招呼，似乎早就認識。一問之下得知他叫克里斯多福，其實是甜點房僅次主廚資深的大前輩，之前幾週缺席，是因為暑假前遭逢一次嚴重燙傷而在靜養。他走近，看得出來是個很有自信的人，和我聊了幾句便開始分配廚房所有工作。「這是我的工作檯，去去去，你去別的地方弄。」克里斯是個古怪有趣的人，工作起來有些神經質，有時幹勁十足，也偶有情緒失控。我們倒是很快發現彼此默契不錯，他就把我抓去身邊當助手。

法國廚界長期一直以學徒制為重，廚藝專科學校其實是近代百年的產物，在那之前都靠師徒一代接一代傳承下來。而現在法國依然延續這份傳統，在當前學制中，學徒實習是餐飲學生很重要的訓練。實習對學生有極大啟蒙作用，你有機會到一流名店學習技術、觀摩商業模式、體驗人員管理，以及嘗遍餐飲業的辛勞。如果實習讓你萌生打退堂鼓的念頭，你就知道自己可能不適合這行；相反地，也有不少人透過實習更加確認自己的熱情。

克里斯回來沒幾天後，我們多了兩位實習生。和兩個十六七歲的小鬼一起工作頗微妙。24年的自尊會鞭策自己努力表現，但另方面理智又會告訴自己別陷進幼稚的競爭遊戲。露西，金髮碧眼的女孩，是個幹練、愛找事做的人。Ledoyen不是她第一份實習，因此很快就上手；菲林，越南裔法國人，天降神兵的奇才，徹底挑戰大夥的忍耐極限。

廚房是講求團隊合作的地方，我們必須分工完成各種元素以組合最終甜點。在此每人都扮演不可或缺的角色，個人行為也會大大影響團隊表現。自己以生手加入團隊時並無自覺，因此無法觀察團隊變化。但當露西、菲林加入，我才發現團隊默契的建立並不容易。

　　露西是個很愛表現的人，倒不至於出鋒頭，但只要有事可以做，她一定搶第一。問題是，她不會衡量自己的能力極限，常常把自己推到無法處理的問題中；菲林上班只帶半個魂，剩下精神總不知飛哪去。做事奇慢不說，更缺乏細膩的觀察與執行力。美國電視實境秀《地獄廚房》中的主廚蘭姆西（Gordon Ramsay）火爆飆人令我印象深刻，雖然葛哈主廚一點都不兇，但耳聞其他廚房也發生不遜於電視節目的場景。做學徒的過程不斷思考一個問題，那就是自己以後想成為什麼樣的主廚。我到底是要嚴厲帶兵，還是循循善誘？要傾囊相授，還是留一手牌？這不只攸關商業經營的成功與否，更雕塑我的未來人格。在如同壓力鍋的專業廚房裡，要放縱自己的情緒不是件難事。不管是受不了崩潰痛哭，還是大肆與人衝突，都見怪不怪。但如果諸事隨情緒起伏，穩定性就差，不只影響自己的工作表現，也會連累他人。我很喜歡Ledoyen甜點房的氣質，雖然偶有不合，但是個和諧團隊，大家都是能控制情緒的人——至少，在菲林出現前是。

　　菲林是個極度沉浸在自己世界的人。他常在一旁莫名傻笑，自言自語，當你向他交代完事情，他會再跟自己聊上幾句，像極了《魔戒》中有雙重人格的咕嚕。這些奇異特質其實不影響工作，但他對於甜點製作的低敏銳度以及恍神的工作態度可讓大家火極了。有回主廚叫他去食材儲藏室拿杏仁粉，他拿回顆粒杏仁，被轟去再拿，第二次竟然拿切片杏仁！

「你到底是不是法國人啊?!你哪裡聽不懂杏仁粉?」主廚破口大罵。又有一次,主廚要他剝去糖果上的包裝紙,半小時後經過他身邊一看,主廚又大吼:「菲林!為什麼每顆糖果上都還有紙屑?!」原來糖果黏性大,必須小心剝除才不會殘留紙屑,但菲林顯然沒有處理好。「你知道我們餐廳賣的是一盤30歐元的甜點嗎?!你會想付30歐吃紙嗎?!」這是我第一次看到葛哈先生這麼激動,但我並非不能理解,應該說帶著菲林工作,夾在上級要求與引導菲林之間,我是最了解的人。他真的不是個壞傢伙,這點從他的氣質就嗅得出來,例如他會在我使用水龍頭時不顧我正在清洗器具,直接沖洗沾滿蛋汁的打蛋器。換作是平常人,這簡直是惡劣至極的挑釁行為,但當我用滿是疑惑與憤怒的目光瞪向他時,他卻是神態自若、輕鬆愉快地洗著他的器具──他真的不是個壞傢伙,只是個完全在狀況外,沒有感知周遭氣場能力的天兵。

與菲林一起工作讓我認識自己的脆弱與黑暗,意識到離自我期許的人治主廚還有一段很遠的距離。雖然我只是比他早進去一個月的實習生,他上工幾天後我卻已經開始對他失去耐性,以咄氣逼人,希望迫使他趕快與團隊運作接軌。菲林一直沒能跟上,帶給團隊莫大的壓力。前輩們發現他根本不值得信賴,所以開始避開他,直接將事務交回我手上,透過我去管理菲林。或許位於食物鏈倒數第二階壓力才是最大的,因為上層派下的責任如此多,能交給菲林的又如此少。更甚者,他不能幫忙就算了,幫倒忙搞砸事情更教人頭痛。隨著日子一天天過去,我發現自己及前輩們對菲林越來越沒耐性,廚房氣氛很差,因為上一秒總是有人被他惹火。在廚房裡,一旦大家對你失去信任,你能做的就只有打雜了,菲林不久之後就落到此地步。

法國廚房到底還是個嚴酷的地方，也難怪日本學徒來此往往如魚得水。聽老師說以前在甜點房出錯，不但會被扔鏟砸鍋，還會被主廚拳腳相向。所幸廚房文化近年演化得文明些，已經比較少聽到這類事件。不過據我觀察及耳聞，在這強調平權的時代，又尤其是在女權相對興盛的法國，女性在餐飲內場面臨的總總壓力並沒有因此降低，甚至還有比其他國家更高的現象。在男性長期主宰，屬於粗重工作的餐飲內場，女性要克服先天體能差異，表現得比男生好本來就是不小挑戰；再者，縱使克服外在條件，男人們的刻版印象、偏見才是最大的障礙。不管是男性自尊的偏見，抑或不正當言語、肢體騷擾，這些都會造成女性承受比男性更大的工作壓力。不過世界上最堅強的生物「女人」沒這麼容易被打敗，近年女性漸漸以她們細膩的手法與獨到品味在餐飲內場嶄露頭角，如法國料理界首位女性米其林三星主廚安蘇菲-皮克（Anne-Sophie Pic），甜點界則有掌廚Lasserre餐廳的克萊兒‧艾茲勒（Claire Heitzler）及Des Gâteaux et du Pain主廚克萊兒‧達蒙（Claire Damon）等人。看著露西在廚房裡東奔西跑的拚勁，遙想20年後她應該大有可為。

廚房的離別總是突然，某天伊莎貝爾告訴大家當天是她工作的最後一天。看著她熟稔做完最後一次麵包，克里蒙還在開玩笑碎念說接下來都換他卡死在麵包區。確實，伊莎貝爾志在甜點，進來Ledoyen雖然練就一身麵包絕活，卻鮮少有機會接觸甜點。離別前，她一一向甜點房的人告別，輪到我時，她對我說：「畬軒，要完成你的夢想的話，得好好學法文喔。」幾個月後，我在甜點雜誌介紹某家飯店點心房的照片裡看到她。你說巴黎大嗎？巴黎甜點業界其實小得很。

餐廳有雇用一位廚師專門煮午晚餐給員工，某天知道這個老愛開玩笑的禿頭也要走了，憶起實習第一天靠他的熱心指引讓我換了衣服並找到甜點房。他的玩笑話總是逗人，就連平常不動聲色的馬恰斯都會難得掬出咧嘴笑容。這位廚子和我們甜點房特別好，每次中餐都會擠到我們這桌，低聲問侯曼對今日菜色的意見，肉食巨人總回答：「我不喜歡胡蘿蔔，也不喜歡四季豆。還有，你這肉可不可以燉嫩一點啊？」禿頭廚子走了之後，菜色水準沉淪有好一陣子，員工餐廳在人員來去之間似乎也少了些什麼。

11

再見了，Ledoyen

下午時分，當我正好從樓上忙完出餐，回到地下室準備製作晚上的甜點，主廚面色凝重地走了進來，叫住我：「畬軒，你過來。」

當時看主廚的臉，我以為出餐時闖了大禍，可能是害客人噎死，或者爐子走火燒掉頂樓。主廚顯然很不自在，掏出麥克筆，在麵粉袋上畫了個沒有意義的符號，並沉重地說：

「畬軒，你不能夠繼續實習了……」

「什麼?! 為什麼？」

「人事部那邊告訴我，縱使簽2×2個月的合約，公司依然得付錢。他們不願意付……」

「所以沒辦法了嗎？」

「看來是的…那你接下來打算怎麼辦？你想要去哪裡實習？我可以幫你引薦。」

整件事是這樣的：依照法國法律規定，當一公司雇用實習生超過三個月，公司必須每月支付實習生一小筆薪資（約莫400歐元）。法國餐飲業中許多大公司為節省營運成本，便只簽訂兩個月的實習合約。

這件事我早在當初簽約時就知道。我並不在意公司不支付我錢，因為我甘願用時間去換取三星級餐廳的工作經驗。我與主廚原本的共識是簽訂兩份兩個月合約，殊不知，不論是一紙合約，還是兩紙合約，只要超過三個月，公司就得付錢，而Ledoyen人事部的政策就是不付實習生錢。於是，在兩個月的最後一天，人事部突然決定告訴我們倆，讓我們錯愕不已。

　　當我和朋友們分享這個消息時，大家都很憤慨，為我抱不平。但大家幾乎都著眼於他們沒有付錢這件事，這件我根本不在乎的事。其實，我只希望可以繼續在Ledoyen做下去。有錢，當然很好；沒錢，我依然會像前兩個月般努力，積極地做到結束。無奈的是，事與願違。

　　「這實在太下流了……」侯曼聽到時這麼說。

　　「為什麼他們不肯讓我留下來呢？又不是一個月要付我1500歐……就只是一個主廚套餐的價錢罷了。難道用400歐換一個辛勤工作兩個月的人不划算嗎？」

　　侯曼翻了白眼，直說他不知道，並問我：「Tu es triste?」（你難過嗎？）triste，像極了英文的twisted，我當下的心確實揪了一下，痛得我無法回應。

　　在得知消息之前，當天大概是在Ledoyen做得最有自信的一天。不論是早上的準備工作、中午出餐都照顧得服服貼貼，前輩們紛紛用各種方式虧我，說他們要失業了，都給我做就好了。那時心中出現一種歸屬感，覺得自己成為米其林三星團隊的一份子。這對我而言真的很重要，

一個初次踏入業界、不諳法語的男孩，可以用態度去贏得認同與學習機會，並獲得成長。從一個連洗碗都輸人的小鬼，在兩個月內變成可以跟著主廚在狂爆週五夜一小時做出一百多道甜點的職人，我真的可以毫不退卻，抬頭挺胸以自己為榮。

想到這兒，我抬頭看著顯少注意的時鐘，無法想像再過三小時一切將要結束。那是我這兩個月來最漫長而痛苦的三個小時，我痛苦得希望它結束，又捨不得它結束，最後時間終究到了。克里斯走過來拍拍我的肩說：「畬軒，你可以回家了。」我不甘願，又抹了兩下桌子才放下抹布，到最後哪怕只是多待兩秒，似乎都可以抑制內心的痛楚。「我知道⋯但我不想回家。」

我深深嘆了一口氣，伸手向他，並對他說：「謝謝你！你教了我好多好多事情。能跟你共事是我的榮幸。謝謝你⋯謝謝你。」

他回答：「能跟你共事也是我的榮幸。你是我進來Ledoyen有史以來最棒的實習生了。」聽到這句，我的淚水險些失守。

到了更衣間，我脫下廚師袍，反射性地掛上衣架，準備放回衣櫃。此時猛然驚覺，不對，故事真的到結局了。我必須走了。離開地下室的入口正後方是乾貨物料的儲藏室，它的門切分成上下兩半，平常都鎖著，大家為了省麻煩，只會開啟下方的門進出。那日臨行前，不知誰忘了關燈鎖門，我躬身進入儲藏室，站直一看，無人。當下好安靜，靜得連日光燈管的絲絲電流都顯得嘈雜。我再次回望各個原物料的位置，杏仁、巧克力、蛋白霜、野花蜜⋯⋯我稍稍闔了眼，道再見。伸手摸掉燈，在一片黑暗之中，一如往常地，我以鞠躬之勢，崇敬地倒退離開。

只是，這次再也不會回來了。

再見了，Pavillon Ledoyen，這一段充實美好的旅程。

月下Ledoyen。

巧克力本行

重回

12

Chocolate

Once More

離開Ledoyen是那麼突然。頓失方向，回家路上像隻遊魂，還記得踏過暮色低垂的協和廣場，街燈的暈黃如冷冽空氣中一朵蒲公英，一吹便可以吹得它支離破散。

經過幾日沉澱，我心中帶著答案去學校找老師。「Chef，我想好下個實習地點了。我想去Jacques Génin。」老師一聽到這名字時，雙手一攤，翻了好大一個白眼。我第一次知道賈克‧熱南（Jacques Génin）這號人物是當年從一本巧克力文化書中讀到，他原本是做肉製品出身，進入甜點界時間算是晚，靠自己自學苦練，將巧克力、焦糖及甜點摸索得非常徹底。他的巧克力是我嘗過算乾淨漂亮的作品，對於焦糖的掌控力更是高深。他的千層派、檸檬塔及種種甜點都具問鼎巴黎第一的實力。對我而言，沒有比這更適合的地方了。他的巧克力一流，也製作許多甜點；店面只有一間，不致淪為工廠中的齒輪。

那為何我當初沒有去熱南先生那邊實習呢？其實事出有因。學校的主廚及隔壁班的主廚都曾送學生去實習，但遭遇都很淒慘。作為學徒，本是該受磨練，但若只是叫人做專業領域以外的雜事，而不讓其學習專業領域內的事，就完全失去實習的意義。至少學校兩位老師很不推薦我去熱南實習。

「那裡根本不好，我之前送過很多實習生去都過得很慘。你知道嗎？曾經有個傢伙去那裡整整一個禮拜沒做到事，都在幫主廚洗車！還有另個人做了一個月都在洗窗戶！」老師憤恨說著。

「我知道，我知道，當初也是因為聽你這樣說我第一間店才去Ledoyen，但現在都這樣了，無論如何我都想試試。」

老師靜默不語，皺著眉頭看我一會，便說：「對，我記得你是魔羯座。」老師終究拗不過我，幫我打電話給熱南約面試，事畢一副「你自己看著辦」的樣子。

某個清爽早晨，我踏入店內赴約。熱南主廚本人出來見我，他熱情邀我坐下，並說：「來，告訴我小子，你為什麼想來這裡工作？」可能早在三年前，我就已經在心中演練這段對話不下千次。

　　「我熱愛巧克力。我在大二時發現自己對巧克力製作的熱情，從原本與食品毫不相關的外文系，一路自學研究巧克力……最後甚至來到巴黎——這一切的一切都是為了巧克力。」熱南聽完咧嘴笑了，直說太棒了。這時一位頂著俐落短髮的女生走過來加入話題，她叫蘇菲，是熱南的左右手，也是巧克力房的主廚。

　　「來，說說看你會些什麼。」熱南說道。

　　「我會做各種甘那許、調溫、披覆，這些我不只是會，而且很熟練。」

　　「你有實際工作的經驗嗎？」蘇菲插話進來。熱南說我只是學生來找實習，肯定沒有經驗，有經驗又何必前來。我們三人簡單聊了一會，熱南知道我過去自學巧克力的背景，開口就說很欣賞，並問我之後的打算。

　　「我想在法國找工作，多多磨練學習。」他藍灰色的眼珠子轉向遠方，腦中顯然在盤算什麼，並說：「如果，我說如果—你做得好，我們可以想辦法留你下來。」聽到這句話，當下覺得這幾年的努力全值得了。以門外漢之姿，刻苦自學，一路衝到法國，經歷三星餐廳，最後進到巧克力大師門下學習。「是的！我會好好努力的！」我的興奮之情溢於言表。

　　面試最後，熱南主廚熱情地和我握手，歡迎我加入他的團隊。我走出門，穿過熱鬧的瑪黑區，一路越想越感動。當年一個什麼都不懂的小鬼經過四年自學磨練，來到法國學習甜點，經歷米其林餐廳洗禮，如今終於要回歸初衷，在巴黎享負盛名的巧克力大師門下學習。啊，夢想的力量就是這麼迷人。想著想著，一滴熱血的男兒淚不禁從眼眶滑落。

熱南的巧克力卡士達醬著實厲害，因此讓店內的巧克力千層派和泡芙格外美味。

我的運氣不錯，Ledoyen實習結束後第十天我便在熱南那裡上工。短暫的休息為身心靈補充能量，我可是備足了全副精神準備進廚房大顯身手，但事情永遠不如想像的單純。進去第一天，我便被廚房內的做事速度、嚴苛程度所震懾。當經歷過米其林三星甜點房的出餐大關，一個小時做出一百多道甜點，三星近乎苛求的完美，以為沒什麼事情可以扳得倒自己，但顯然我錯了，大錯特錯。

　　第一天進廚房，我繞著旋轉樓梯上樓，進入狹小的更衣室換上廚師服。外頭巧克力披覆機不時發出氣閥洩氣的聲音，嘶嘶，人們在崗位間跑來跑去，一下拿原料，一會做東西。

　　「就是你！早安，你叫什麼名字去了？」蘇菲急忙從我身邊經過，又掉頭走了回來：「你跟我來！欸！哈彌，這小子交給你。」蘇菲把我帶進一間有兩張大理石桌及整面鐵架的房間裡，角落有一群人正在進行包裝。

　　人人被迫戴上醜陋無比的衛生帽，有個胖胖的身影轉身過來對我說：「來啊，別光站在那，過來包裝。」我很快速跑過去，並向這位老前輩打了招呼。

　　「你拿這個玻璃紙袋。看好喔！我可沒時間教你一整天……把巧克力這樣裝進去。」她是哈彌，正要從中年升等成老婆婆。她在廚房裡的職位並不高，也沒有任何甜點背景，但因為手腳極快，又忠誠無比，所以很受蘇菲和熱南器重，頗有軍中老士官長的氣勢。

　　「你確定手洗乾淨了嗎?! 我們可不能在玻璃紙上留下指紋啊！」她身子略微蜷曲，用氣音說著，眼神卻是往外飄，彷彿懼怕什麼。

　　「你叫什麼名字啊？小子。」奮軒，我說。「圓酸…遠爽…啊算了，隨便吧。」我能理解透明玻璃紙必須完美無瑕，沒有絲毫指紋、沾污、摺痕，但第一次做總是很難做到十全十美。

夾心巧克力外層裹著調溫巧克力，內層是柔軟內餡。

「請你好好聽我講的話。」哈彌婆婆用一種緩慢卻十分不耐煩的態度對我說：「你不要一直回答是是是，如果你做不好，說是也沒用！」與她共事短短幾分鐘後我便有預感，接下來的日子應該不會太好過，當時內心只希望不要有太多跟她搭檔的機會，可惜事與願違。包裝完後，我問她我該做什麼，她答道：「這我可不知道，我只是個老太婆，你要去問蘇菲。」不料蘇菲立刻將我丟回給哈彌，叫她教我包裝焦糖軟糖。

　　這項工作是將事先用玻璃紙半包起來的焦糖軟糖包裝完成，抓住玻璃紙兩端，扭成蝴蝶結狀。婆婆很得意地向我展示她扭糖果的技巧，天曉得她有沒扭過幾十萬顆了？換到我扭第一顆時，她立刻翻白眼，並制止我：「不是這樣！你看這蝴蝶結漂亮嗎?!」我繼續嘗試，隨時根據她的教導修正。

　　「你扭成這樣誰想吃啊？」「你到底行不行？」「如果你連這個都做不好，我真的不知道你可以做什麼。」「欸！注意你的指紋。」「你快一點行不行，我們還有別的事呢～」「你能不能慢慢仔細把它做好？」……經過一小時不間歇的精神轟炸，她徹底把我的耐性耗盡。在我看來，我包的軟糖已與他人無異，但這位婆婆不知是想給下馬威，還是找麻煩，就是不肯饒過我。包一顆她罵一句，最後我不得不停下來深吸一口氣，那絕對是我到法國後情緒最滿脹的一回。

　　此時在旁的一個年輕女生開口：「哈彌，別這樣，今天是他的第一天，而且妳看，他包的焦糖明明沒問題啊。」這女孩叫瑪歌，算是巧克力房資歷僅次於蘇菲的員工，就連哈彌都會讓她三分。

　　結束包裝後，我依然與哈彌一組，從她神情感覺得出來我們有一樣的想法，那就是：「我才不想跟那傢伙一起工作。」不過對於要首次使用

→　熱南的夾心巧克力。

披覆淋膜機，我感到十分興奮。這台機器是專業巧克力製作的好幫手，機器主體是巧克力瀑流循環系統，工作員將切好的內餡甘那許擺上生產線，通過瀑布淋上巧克力，再經過風壓使表層薄脆均勻，最後從生產線另一端出來。機器生產的食品常給人一種冰冷的工業感，但以巧克力來說，機器披覆的品質與速度卻比手工來得好上許多。

我們開始用披覆機裹甘那許，把切好的內餡放上移動式軌道或許聽起來很簡單，怎麼樣精確配合狹小的轉寫紙才是難事。要將60顆內餡控制在20×40公分的範圍內，讓每顆表面均勻沾黏轉寫紙，又不會彼此相黏，若是有充裕時間，這並非難事，但要在三小時完成6000顆巧克力…這是極大挑戰！站在軌道前微傾著腰，我的下半天都在披覆機前度過。

婆婆不斷催我：「快點快點，我們還有很多事要做啊～」「我們六點就要下班了欸～」「巧克力沾到了！」「巧克力跑出界了…」「這個稜角不好。」雖然我不知道她所謂「三小時披6000顆」的說詞是否為真，但最後我們花了六小時才披完全部。我發誓已經拿全速做了六個小時，但顯然不及她的標準。那時我才了解原來一山還有一山高，米其林出菜口的速度極快，到了生產線上竟還是慢得不敷使用。

離開前，主廚蘇菲集合了人員，並開始指派：「你，明天七點來；你也是。」點到我時，她問我今天幾點來的，我說十點。她便說：「喔，好，那你明天還是十點來吧，我之後再幫你換時間。」我原本想做個手勢，說我明天可以七點開始，不料手才剛從大腿旁伸起，背脊發出慘叫，徹底阻止了我。後來我發現，我的背需要一夜好眠……而這只是我進到熱南巧克力店的Day 1。

13

Melting Hell

巧克力地獄

我在冷清清的義大利麵店裡，一手撐著下巴，另一手沒勁地把生冷無味的沙拉塞進嘴中。這是離熱南巧克力店最近又便宜的熱食店，一盤沙拉與一盤番茄義大利麵十歐元，它是除了越南河粉之外午餐的唯二選擇。我也不記得何時開始，從廚房抽離短短一小時的光陰竟然變得如此奢侈。

如果說Ledoyen的廚房是團結一致，熱南的廚房便是分崩離析。我永遠記得面試那天和藹可親的熱南先生，自從進去廚房後，我便再也沒看過他了。天下大概十個主廚有九個脾氣差，這點每個餐飲人都知曉，但熱南的脾氣完全是另個宇宙的量級。要我說的話，比起「地獄廚房」的高登‧蘭姆西簡直有過之而無不及。每早進廚房八成會聽到他正在飆罵某人，然後我還是得硬著頭皮完成向每個人道早安的儀式，包括熱南和他正在罵的人。

我因專長被分配到巧克力房工作，這其實與學習甜點製作的初衷相悖。蘇菲是掌管巧克力房的頭頭，熱南則是甜點房的君王，當然他偶爾也會來巧克力區串門子，但相信我，他來管事的時候，一定有人會倒大楣。

「你覺得這個巧克力是這樣做嗎？」他皺緊眉頭，雙眼死吊，放任尷尬的沉默折磨犯錯的人。過許秒，熱南見對方仍擠不出隻字片語，直接雙手大力一揮，重重摔往桌上，大吼：「我可沒說過是這樣做！誰教你這麼做的？!蘇菲？喔不，她不可能教你這麼做，我看是你作夢吧？!」

主廚的性格與氣度塑造廚房氛圍及表現，熱南暴戾的人格對廚房有深沉的影響。在這裡，從下到上無人不怕熱南，縱使與他共事近十年的蘇菲也是。大家都想躲熱南，就因為他脾氣古怪難以捉摸，搞得大家事事皆躲。當我提出問題，九成情況被當成皮球踢來踢去，最後只好憑自己想法執行，結果當然是被臭罵，之後再補上馬後炮：「誰叫你不問清楚！」

廚房每天都像演肥皂劇，一下子某個員工被羞辱到哭，直接走回更衣室拿出顯然早就準備好的離職書走人；熱南心情差時總會聽到激烈摔鍋聲，又有回心情好，竟然把他做的一顆數十公分大的巧克力蛋直接摔碎，然後大笑說：「我不喜歡它了，哈哈！」

熱南的前妻是巧克力店的投資人兼行銷人員，你可以想像痛恨對方卻又得一起工作的景象嗎？蘇菲彷彿是熱南的孿生靈體一般，一當他抓狂，蘇菲也跟著失控，到處刮人頭。印象最深刻的一回是蘇菲被熱南罵哭了，我看著堂堂一位主廚失控落淚，所有工作分配陷入停滯。然後像一對吵架完的情侶，熱南把蘇菲拉到一旁哄騙。而過去都是一個口令一個動作，絕不允許下層人員擅作主張，因此也沒有第二高位階的人代替指揮——我當下覺得這間廚房簡直是場鬧劇。它現在或許產出不錯的產品，但我深疑動盪不安的內場如何能夠維持一貫水準。

果不其然，銷售的致命打擊不久後爆發了。聽前輩說過，我進去前，熱南掌管的甜點房才剛有六人離職；我待的短短兩個月內又走了六位，其中還包括甜點房主廚。甜點房瞬間只剩下熱南以及一位他從街上違法雇用（其實根本稱不上雇用，因為他沒付對方薪資）的日本學徒。在巴黎以檸檬塔、千層派、閃電泡芙等多項甜點聞名的賈克·熱南竟然因為廚房全員陣亡而停賣甜點，改成只能預約大份甜點。如果我沒在那實習，我肯定覺得惋惜；但因為身處其中，我對於這事件的發生一點都不意外。當廚房的員工沒有尊嚴，沒有認同感，甚至連錢都沒有時，他們沒理由忍受一個怪戾暴烈的主管。

但在這暴怒之中，也不全然是壞事，反倒是培養出一份革命情感的友誼。這位前輩是韓國人，名字叫金，這其實是他的姓，因為法國人都無法唸他的名，只好將就。金高佻纖瘦，是個俊美氣質的男子。第一次跟他有互動是在做事途中，他繞到我身旁用耳語提醒我，告訴我怎麼做才是對的，讓我免於一場責難。他一直都是這樣，用溫暖體貼的心意照顧廚房每位新人。

廚房是輪流放飯，若運氣好與金一同放飯，我們會去不遠的越南河粉解決午餐，再去喝附近最便宜的咖啡，義式濃縮加一包砂糖，五分鐘時間，接著一起回廚房接受轟炸。這幾乎成為一種儀式，在每口膩得想吐的河粉與他的吞雲吐霧間，我們交換闡述彼此的人生，對於甜點的過程與理念。金年紀比我大個幾歲，就姑且稱金哥。他其實像個大孩子，充滿活力與古靈精怪的點子，有著十足藝術家特質。他一開始來巴黎是為了學藝術，後來發現自己對甜點的熱忱，於是透過努力在知名米其林三星餐廳Joël Robuchon甜點房掙得一職，做了幾年後才換到熱南這邊。他在這裡的主要工作是煮製焦糖軟糖及水果軟糖，這些可說是熱南最火紅的商品之一。

　　我們下班後總是太累，很難有多餘力氣鬼混，頂多就是在覆滿雪的巷子裡陪金抽根菸，咒罵熱南又如何暴走。菸蒂彈到雪地上，熄了，新的一天還是會開始。

　　某日熱南盯上金，對他大罵：「你是蠢蛋嗎？！」

　　金沉默一幾秒，整個廚房的人都在偷瞄，看接下來怎麼發展。

　　「不好意思，先生，您說什麼？！」金用質問的口氣狠瞪回去。

　　「我說你是蠢蛋嗎？！」「不好意思，先生，您說什麼？！」「你是蠢蛋嗎？！」「不好意思，先生，您說什麼？！」如此來回跳針數次讓在場的人看傻，自這家店創立以來大概沒人這樣對熱南講過話。

　　「先生，我尊重您是主廚，我做錯事，您可以跟我說，沒有必要辱罵我！」

　　熱南頓時語塞數秒，回神後憤怒說道：「夠了！你跟我去辦公室！」

　　經過十多分鐘，我原以為金大概要走人（或被請走），沒想到他步出辦公室興奮跑到我身邊說：「奮軒！我跟你說，熱南幫我加薪，還讓我補休吔！」

原來，那陣子甜點廚房人走得太兇，熱南清楚要是金也走了，甜點房的運作會陷入危機，加上當天自己情緒失控，最後只能拉下面子安撫金。

我事後時常回想，如果金當時吞忍下去，結果肯定很不一樣吧？文化價值觀與主廚管理風格，確實會在工作場域形成不同待遇。我在Ledoyen時，主廚欣賞我刻苦耐勞、肯學肯做的拚勁；同樣的行為在熱南的廚房卻不被欣賞，越拚反而遭人訕笑，甚至被占便宜。

某日，熱南從街上撿來一個自願做黑工（意指沒有身分和實習文件）的日本人。他是電視上那種典型的日本人，有拚勁，無論主廚提出什麼要求都會說「是！」並附上鞠躬。他非常努力做了兩個禮拜後被趕走了，熱南走到他面前，非常冷淡地說：「你可以走了。加油祝好運。」日本人走後，熱南就開始公開抱怨他有多蠢多笨。始終在旁觀察的我看到的卻不是如此，那個日本人既不笨也不蠢，只是溫吞怯懦了些，但這正巧是熱南廚房最討厭的特質。

有時溫良恭儉讓並非能解決一切。在廚房早已失去理性，針鋒相對的某些時刻，唯有強硬捍衛、據理力爭才不會被欺負。這點在東方絕對服從的價值觀中有些弔詭，令人難以接受。但在法國，主廚是廚房裡的天與地，平常沒有理由不服從，不服從者有失專業；若有理卻不堅守立場，服從者有損自身人格。如果希望別人尊重你，要靠自己捍衛爭取；如果希望別人敬重你，要靠實力說話。

到熱南實習約莫一個半月後，某次大家聚在一起扭焦糖軟糖的糖果紙。老婆婆竟然又開始挑我的毛病，嚷嚷說著：「焦糖不是這樣摺的。」見此狀，我只淡淡回她說：「哈彌，我覺得自己做得很好，沒有問題的，妳看。」我拿起扭好的包裝在她眼前晃了一會。她閉上嘴，轉向剛進來不久的日本女生，並拿起她的焦糖說：「焦糖不是這樣摺的。」

熱南對煮製焦糖特別有一套，店中的焦糖核桃塔是銷魂聖品。焦糖中鮮明飽滿的奶油甜韻佐核桃甘香，教人難以忘懷。

Carrousel
of
Boredom

巧克力不冒險工廠

打開昏暗的更衣間，看見金在裡頭，他正脫去黑色毛衣，慵懶換上廚師袍。

「早安啊，崙軒⋯昨晚過得如何？有幹嘛嗎？」

「沒有⋯我回家累翻了。連飯都沒有吃就睡了。」

「哈哈⋯我也差不多，抽了很多菸，喝了點酒而已。」我們對彼此說了聲bon courage，踏進巧克力房開始新的一天。

這句「加油」是必要的，因為專業巧克力製作遠不如你想像的浪漫。它可說是穩定到近乎無趣的過程。同時顧著兩口火爐，全力加熱鍋中滿滿的鮮奶油，握起滾燙鍋柄一口氣倒進五公斤巧克力中使勁攪拌。在熱南的店內，我們每天晚上會製作數種甘那許，在長大理石桌上拼好鐵條，倒入調好的甘那許，放置過夜供隔日使用。早上將甘那許用琴線切割器切成方形，再由人手一顆一顆送進巧克力披覆機的生產線隧道。

熱南店內給予員工的教育極少，除了蘇菲及瑪歌以外，幾乎沒人接觸過甘那許製作，所以當某天蘇菲把我叫過去，要我秤巧克力幫忙製作時，所有人包括我自己都訝異不已。瑪歌甚至向我使了個眼色，彷彿在說：「不錯嘛」。

「瓜納拉500克⋯加勒比⋯」熱南是法芙娜巧克力的愛用者，和我練功四年慣用的品牌一樣，所以我對它的特性格外清楚。蘇菲給我配方當下，我就明瞭店內巧克力的最大風味特色從何而來。這與自己當初規畫的學習方向與質量相差太遠。當周遭的資深人員還搞不清楚巧克力溫度出問題、甘那許乳化不完全時，我這小學徒站在一旁卻全看在眼裡。員工們或許很能照熱南先生制定的模式走，但對於巧克力製作的知識了解甚少，與其說是巧克力師，比較像是工廠生產員。我時常思索，若是一位對巧克力零基礎的人進來，十年後是否有獨立創作優質巧克力的能力？好罷，我挺慶幸自己對巧克力略知一二，所以站在一旁看依然可以看破許多關鍵，進而在巧克力製作上有更多體悟與反省。

「來喔！圍成一圈吧！」聽到這句話的時候只有兩種可能性，一個是要做蘋果塔；另個是要做Mendiant，一種在圓形巧克力片上擺上榛果、杏仁、開心果與糖漬水果的點心。為了避免蘋果氧化，影響烤出來的色澤，一人負責削皮，一人負責快刀劃切出一公厘薄的蘋果片，剩下的人就是拿起如一副撲克牌的蘋果片，快速發到定位，層層交疊，直到堆出一座完美的圓形蘋果山。哈彌可享受接下來的事，她會拿起尺測量塔的高度，若不夠高或圓，就退回重做；Mendiant這東西就比較有趣些，瑪歌會分配每人拿一種食材，並在小桌上擺好許多烤盤。以擠巧克力者為首，我們按照順序繞著桌子成一圈，一當巧克力擠成圓形後，我們就要依序擺上食材，整個隊伍就這樣不斷繞著桌子跑。「欸！等我一下啦！我葡萄乾還沒放好！」「不好意思，榛果沒了！」「拜託…都給你最簡單的榛果了，你還出包？！」做Mendiant通常是年輕人的事，此時沒什麼輩份，你一言我一語，大概是熱南廚房極少數的歡樂時光吧。

哈彌的名言是 "Il faut gouter." 「我們得嘗嘗。」說著說著，她就把一顆巧克力往嘴裡塞，嚼幾口再向你挑眉。每次跟著她品嘗，我都發現巧克力的味道不大一樣，原來每晚製作甘那許都會將隔夜切邊或披覆失敗的夾心丟入融化。這有點像萬年滷汁的概念，每天的甘那許都會融入隔天的份量中。我不覺得這是個好主意，把裹著巧克力的失敗夾心也丟進去融，難以正確更改配方，因此對最終產品味道造成影響。偶爾買個一兩次的客人乍吃之下會覺得不錯，但如果多去幾次，很難不注意到味道的變化。

→ 店前曦光初露。

熱南本人對甜點的要求，以及每天親自製作甜點令人感到欽佩，畢竟以他的年紀，大可站在一旁指揮就好。但他對老本行巧克力下的用心遠遠不及甜點，這讓我感到失望。說起來，巴黎許多享負盛名的飯店、米其林餐廳都是熱南的客戶，像是Le Meurice、George V、Plaza Athénée、Le Bristol、Tour d'Argent、Grand Vefour。他們也有甜點房，為什麼不能自己生產巧克力、牛奶糖等？你必須了解，巧克力與甜點製作的原理及需求極不同，與其投資時間、金錢，不如直接買現成品。恰巧熱南的巧克力不錯，報價又很漂亮。事出總有因。看看周遭同事的超量工作時數、超低薪資，看看我們常工作到晚上十一點連晚飯都沒得吃，我深知美麗背後腐朽的臭味。

　　在熱南那邊實習，我很難說自己在巧克力技術上有所成長。他帶給我的，一如學校老師所預言，幾乎都是以極度負面的方式，經自己消化而得以體悟。當然，這種經驗也是難能可貴的磨練學習，讓我重新開始思考自己到底想成為什麼樣的主廚。當我某天握有整間廚房的最高權力時，要用什麼心態面對團隊夥伴，要成就什麼樣貌的一間店鋪。如果到最後，巧克力淪為日復一日的製程、無情的帳單與冰冷的控管；若不能帶給員工新知與成就感——那我想，身為一個主廚是不快樂的，縱使生意成功也不快樂。

15　突破桎梏　Liberty

法國生活有許多惱人之處，最甚者肯定是去公家機關辦事。在自己生日的前兩天，我正好要去巴黎北邊的警察局辦理延長居留，於是向巧克力店請了半天假。乘著四號線地鐵，一路晃向北，身心俱疲。巧克力店的工作讓我失去生命力，每天重複著沒營養的事務，極少碰觸製作。老婆婆每秒盯著你扭糖果紙、包巧克力，縱使這種雞毛蒜皮之事已做得比眾人好，她依然想盡辦法刺激你，找你麻煩。如果還有漫漫兩年可以證明自己，我絕對奉陪，但離實習結束只剩兩個月。兩個月他們的態度會大轉變，突然開始重用、教導我嗎？窗外黑暗的隧道滑走，車廂勉強對上月臺，我內心掙扎這口氣到底該吞下去還是吐出來。

法國非法移民問題嚴重，延長居留一事搞得草木皆兵，每位審核者都被當成潛在偷渡客，但這樣卻也沒阻止非法移民增加。處理完惱人的居留問題，心上一塊大石頭落下，又可以穩穩待在法國一年。我搭上反方向列車準備回熱南的巢穴，最後抵達了共和站（République）。連續兩個月，我在同個地鐵站穿梭，上班、下班，早晨、夜晚，有時狼狽奔跑追趕末班車，有時無力慢步回家。地鐵站內的走廊、出入口、樓梯，甚至哪裡有漏水我都記得。但那日在反向月臺下車，頓時間感到陌生無比。剎那間我愣住，這件事狠狠砸在腦門上兩百回。

我訝異自己生命格局之狹小，如何單純因方向失去探索能力。如果一座地鐵站是這樣，那學習生涯呢？我是不是被困住了？被軟糖玻璃紙、巧克力紙盒此等小事困住？我想起當兵前，苦練兩年甘那許無成，最後心一橫，決定往截然不同的方向走去，因而獲得頓悟；想起來法國後在斐杭狄和Ledoyen認識的人們、獲得的成長。我確信自己是樂意接受磨練的人，但倘若磨練變成無意義的折磨，不如將剩餘寶貴的時光去見識更多人事物？「我不能再虛耗下去。我有更重要的事必須做。」當天下午，我稟報蘇菲和熱南，永遠離開了賈克・熱南的巧克力店。

　　在那之後，下了好多場雪。我重新愛上巴黎，浪漫搖曳的長髮，不時從中透出的秋水眸光，那是很美的。她的愛漸自流入生命，達到前所未有的滿盈飽和。我找房、我流落、我借住、我搬家、再借住、再搬家，經過整個月折騰，總算是落腳在15區。雖然周遭環境不比從前來得方便，但房子屋況極好，機能十足，有個大廚房、大冰箱、烤箱，這對我來說已足夠。跟別人學了一整年的甜點，終於可以在家自己練甜點了。

金哥對於我突如其來的離去倒是很支持，「你早就該跑了！要不是我是正職，我也巴不得立刻走人。」一個多月後，金哥確實也離開了。我們合作一場有趣活動，為一家藝廊的展覽製作晚會點心。他負責製作焦糖牛奶糖、水果軟糖；我則是製作夾心巧克力。這是我第一次赤裸挑戰法國人的味蕾，結果當晚獲得一致好評。

　　「你的店開在哪裡？」

　　「什麼？沒有店？那可以郵寄嗎？」

　　「你趕快開！我一定去捧場！」

　　看著他們闔上眼，陶醉地將齒尖埋入巧克力，眉宇或收或放，身體或緊或鬆；有些人則是固作鎮定，一語不發，幾分鐘後裝作若無其事繞回桌前，才忍不住湊近輕聲說：「剛剛那款巧克力好好吃…還可以再來一個嗎？」

← 當地人說巴黎不常下雪，我卻連兩年冬天都遇雪，算是幸運。
↓ 金與我一同合作的晚會甜點。

被巧克力征服的小男孩。

我不得不承認，那夜征服嘴刁的法國人極為快活。但令我印象最深刻的不是在場的任何大人物、藝術家，而是一位小弟弟。起初走到桌前，他母親無法說服他嘗試桌上的任何甜食。無奈之下，母親自己拿了一顆巧克力，咬了半口，「嗯……好好吃喔！你要不要試試？」小弟弟望著那半口片刻，轉向桌前，自己伸手拿了一顆，似乎在宣示自己的品味主權。他把玩著巧克力，翻側端賞了一回，便淘氣地將它拋入嘴中。咀咀嚼嚼，從眼神中看得出什麼正在他體內滋長，他緩緩抬起頭來，綻放一朵好大的微笑。"C'est bon?"「好吃嗎？」我問他。他微笑點點頭。這一笑給足了我信心。

　　我也實踐了自己的諾言，造訪法國更多地方及其他歐洲國家，從飲食的角度認識這些未曾真實出現在生命中的傳說地域。淋著義大利地中海岸沁涼，和著檸檬香的清雨；在西班牙品嘗一整排的伊比利火腿；啜飲挪威引領風潮的北歐烘焙咖啡；接受正統英國食物的震撼教育；再訪法國迷人的北海岸；盛夏不免俗地拜訪南法。

　　頓時間生命開闊，過去一整年在學校、餐廳與巧克力店的種種開始沉澱。一當靜下來，它們的後座力才隱隱襲來。「好瘋狂的一年」我對自己這麼想著，我甚至懷疑往後人生是否會有更盈滿的收穫。提到巴黎，大家總愛引用海明威老到牙齒都掉光的名言：「如果你夠幸運在年輕時待過巴黎，那麼以後不管你到哪，它都會永遠跟著你，因為巴黎是一場流動的盛宴。」融入巴黎前，這句不過是充滿浪漫情懷的文句；但經過這年，我身上每個細胞都感受到此話的真切。Movable下得多好，我將青春獻給了這座城市，她滋養我一生靈魂，沁入體內，永遠不離去。她將伴我老去，在雙眸混濁時讓我依然看見光。那是持續成長的回憶，讓青春拉成涓長的絲，細細織入生命的每個時刻。

　　「不管了吧。今年我依然在巴黎。」沒錯，什麼都不需要擔心，貪婪地汲取這座城市的一切養分吧。

16

Comme
des
Parisiens

巴黎居

巴黎對短暫停留的客人一向不友善。她會用滿地狗屎與尿騷味，滿街扒手與搶匪，滿城傲氣十足的巴黎人給足下馬威。有些人負氣離開，宣誓此生再也不踏進這座城市半步。但我深知這是天大誤會，甚至不知如何言聲關於巴黎的美好。她其實是位傲嬌的小姐，表面上倔強得很，相處久才能慢慢化開她的冷漠隔閡。

我的法國朋友時常戲稱我比她更像巴黎人，上街都是我在帶路。步行是我認識並迷上這座城市的原因。休假我常是吃完早餐就拎著相機出門，毫無目地隨著城市脈膊流去任一方。塞納河左岸比右岸祥靜得多，或許是因為除了鐵塔，大多知名景點都在右岸，自然將觀光客的喧囂帶走。倒不是我喜愛左岸勝過右岸，只是它少了商業氣息的大鳴大放，反而有股沉穩優雅的韻味填滿巷弄。將聖日耳曼大道以北的所有巷弄走上一遭，心靈也滋潤一回。在那裡沒有人群推趕，沒有拉客進餐廳的服務生。店諡諡開著，塗上一層古老光陰，厚得讓人覺得褪洗不掉也毫不可惜。

後來發現巴黎冬日陰雨比台北還多，但雨細如綿，淋十分鐘身體也未必會濕。下雨了，立刻撐傘的很有可能不是巴黎人。除非滂沱大雨，巴黎人大多只會戴上連身帽，踏著一貫步調隨興淋雨，彷彿什麼都沒發生。百年前可不是這麼回事，當巴黎還未經過奧斯曼整頓，仍在一片泥濘時，拱廊街（Passage/Galerie）這種有著透明天棚，既保留採光又提供遮蔽的拱廊商店街成了上流份子的休閒去處。我從沒特地查過巴黎廊街位置，它們像是小孩在路邊無意揀到的彈珠，帶歲月刻痕卻不失當年光彩。據說19世紀繁盛時期，巴黎共有百餘條廊街；如今只剩下二十多條，有些神采煥發，有的則是陰鬱老邁。我始終著迷於光線灑透穹頂，輕軟地降在拱廊之中，好像將什麼隱然不見的歷史包覆、封存起來。

↑ 薇薇安廊街裡的館子。

↗ 1825年建造的廊街Grand Cerf，經修復後是巴黎最有活力的廊街之一。

薇薇安廊街（Galerie Vivienne）裡有家我十分喜愛的館子，午餐便宜，15歐便可從前菜、主菜、甜點三選二。重點來了，廚師對肉類火候掌握極棒，許多高級餐廳仍望其項背。我想我這麼愛它有一部分是因為沒旅遊書提過，它是我自己尋來的小寶珠。當一個人逐漸與巴黎建立親密的關係，總免不了要有幾個像這樣的私房祕穴。巴黎人吃飯也挺隨意，若沒法擠進大排長龍的熱門餐廳，乾脆找間餐酒館坐下，叫老闆切肉送酒，乳酪配著麵包就吃起來了。可別小看紅酒、乳酪與麵包，當三者極度美味，你會完全不知何謂飽足。只有在杯盤狼藉，瞧見好友臉紅氣喘之際才發現自己吃多也喝多了。不要緊的，就乾一杯吧。

巴黎人飲酒如飲水，這不能怪他們。當餐廳的礦泉水跟葡萄酒價格差不多，何不飲酒？在法國飲酒不用被扣上沉重的道德帽子，飲酒既不荒靡也不放蕩，就跟喝水一般稀鬆平常。倒是不點酒，朋友還會關心你是不是身體微恙。進餐廳坐下，服務生連菜單都還沒拿來可能就先問：「您是否要來杯開胃酒？」我拿香檳最沒轍了，空腹飲很難不微醺，卻不時手癢來上一杯。如果是更花俏的餐廳，服務生會在點菜時繼續追問：「那您前菜要配什麼酒呢…我們現在有支很美的'09年波爾多紅酒適合搭配今天的主餐…要來杯酒配甜點嗎？」法國人最有趣的是，當一個人已被麵包、前菜、主菜填飽後，上甜點前還要先來份濃郁乳酪，而且又配麵包！絕對不要誤以為法餐小巧吃不飽，它可能是世上最飽足的菜系之一。

　你腦中大概已經有一群法國佬酒足飯飽、挺著肚子坐在戶外的景象。他們為何如此著迷於戶外座位，縱使天氣陰冷依然如此，一來可能是因為菸癮太重，二來是為了觀看行人，又或者想要被行人關注。這是巴黎人特有的情結，他們身上流竄著不同於他人的氣質，自認天之驕子卻不時拿自己的身分假裝吐槽一番。他們認為巴黎人是獨一無二、高高在上的巴黎人，其餘地區的則是法國人。此等睥睨眾人的氣質百聞不如一見，看世界上最驕傲的人如何接待世界最多的遊客，雙方氣得火冒三丈實為一樁趣事。我喜歡拍在巴黎的人，不論是當地人還是外地人。只要身處巴黎，人們都會披上一層魔幻面紗，進行彷彿只有在電影小說中才會出現的情景。縱使只是坐在路邊喝杯咖啡，身旁可能上演警匪追逐，某位大明星可能慵懶在你身旁坐下，也可能什麼都沒發生——都在一杯咖啡的時間。難怪大家都要坐在外頭喝咖啡是吧？

1 2 ╱ 3

1 巴黎週末後的玻璃回收桶，可見巴黎人的酒量之大。
2 咖啡名店花神咖啡館。
3 人是巴黎的風景。

↓ 瑪黑區的街頭爵士樂團。　→ 蓊鬱中的巴黎鐵塔。

巴黎服務業人員會讓亞洲人恨得牙癢癢。我們平時習慣的鞠躬、三句不離口的「謝謝您」、「不好意思」以及可掬笑容都沒了。服務生快速遞來菜單，分心望著遠方，心不在焉地消化你的點餐。有時選菜稍有猶豫，對方臉上立刻堆滿不耐煩。我卻覺得他們真誠得可愛，坐下不囉嗦點菜，有疑問便快速交流幾句。服務生會感謝你很上道，不是那種添麻煩的客人，掛整晚的臭臉可能會因為看到你而擠出一絲笑容。這些服務生多少反映了巴黎人的性格，這份倔強有時可惡有時可愛，它形塑了巴黎這座城市的面容。正如其市徽所云：「漂泊卻不沉淪」，巴黎與瞬息萬變的世界牽涉如此之深，卻又依然故我。在驕傲與偏見的高牆下，一株百合花兀自安然棲息。祝巴黎不沉。

17

流著奶與蜜的甜蜜之城—

Pastry

甜點篇

光之城、時尚之都、浪漫花都，這是多數人對巴黎的印象。但如果不說，大家可能不知巴黎甜點之精采也可謂世界第一。數代相傳的甜點世家、百年老店、法國最佳職人、世界大賽冠軍、自學而成的大師，最優秀的人才匯集於斯。結合法國優越物產及飲食文化，其甜點之偉大教世界望塵莫及。有如此值得驕傲的傳統，甜點職人無不前仆後繼，努力繼承這份榮耀。

甜點之神——皮耶・艾梅（Pierre Hermé）

皮耶・艾梅是亞爾薩斯糕點家族的第四代成員。他14歲在甜點大師勒諾特（Gaston Lenôtre）門下展開學藝生涯，根據他的說法，這對他生涯有著深遠影響。數年後他轉往法國著名美饌商店Fauchon工作，年紀輕輕24歲就當上行政主廚，這一待便是11年。爾後法國馬卡龍名店Ladurée向他招手，艾梅賦予這間創於1862年的老店新生命，助其於法國拓展據點。Ladurée此舉成功後，才得以向世界發展，進而成為世界知名的馬卡龍名店。比較有趣的是，當這位卓越的大師結束與Ladurée的合作關係後，他的首家店鋪Pierre Hermé並未設立於法國，而是遠在地球另一端的日本。當時礙於與Ladurée簽訂保護條款，加上艾梅對日本文化有深厚興趣，促成這椿美事。日本至今仍是PH開設最多店鋪的國家，甚至多過法國，光是東京就有八家分店，風靡程度可見一斑。

　　艾梅先生創造出一套極為精采又十分聰明的風味系統，他為自己擅長的風味命名，如Ispahan（玫瑰荔枝覆盆子）、Chuao（巧克力黑醋栗）、Mogador（巧克力百香果）、Infiniment Vanille（大溪地、馬達加斯加、墨西哥三大產地爆量香草），並在各種不同甜點中反覆使用這些風味。這聽起來不稀奇，但重點是艾梅對各項甜點技術之嫻熟，得以讓同一風味在不同甜點間自在跳躍，保持一貫風格，卻又各有特色，每個味道都好吃得不得了！

　　馬卡龍是多數人認識他的原因，自然不能不提。Pierre Hermé的馬卡龍特徵在於「肥美」，杏仁餅間的餡料硬是比其他品牌多，使得馬卡龍嘗起來格外有份量。杏仁餅的烤功自不在話下，外層薄酥油亮。一咬，軟潤綿柔的杏仁餅與內餡融為一體。由於馬卡龍製作原理較簡單，它成了艾梅揮灑想像力的畫布。不論是巧克力、香草、焦糖、覆盆子、開心果等經典口味，抑或番紅花水蜜桃、辣椒檸檬皮覆盆子、白松露榛果等大膽組合，艾梅大師總能帶給喜愛甜點之人無限驚喜。

1 / 2 3

1 PH甜點排場壯大。

2 Ispahan是玫瑰、覆盆子與荔枝的組合,是艾梅任職Ladurée時創造的經典風味。Ispahan如今成為世界各地師傅的靈感來源,包括吳寶春師傅的冠軍麵包。

3 艾梅的馬卡龍內餡厚實飽滿,而且較少用傳統奶油餡,而是用風味更為均衡的調味甘那許取代。

若硬要我列出巴黎必嘗的三樣甜點，其一定是PH的無限香草塔（Tarte Infiniment Vanille）。一如其名，這塔大量使用馬達加斯加、墨西哥與大溪地這三個世界知名產地的香草，不是一點點，而是從裡到外皆有，連香草豆莢都磨成了粉撒在慕斯上。塔由簡單的白巧克力甘那許、奶油香緹慕斯構成，卻將天然香草的深邃酸香勾勒得鮮活無比，每咬下一口，世界三處的香草，濃、淡、清三種奇異香氣在嘴中無限燦放，挑逗至極！

千層派（Millefeuilles）是魅力無窮但蠻橫難搞的甜點。將麵團與奶油折疊、擀平數次，製造出層層交疊的奶油麵團。烘焙時，奶油會融入麵團，使之形成薄脆、入口候化的酥皮，配上各種風味的卡士達醬。艾梅的千層派徹底展現他的自信與豪邁，摺疊派皮層層分明，奶油香氣明顯，略帶鹹味、香酥化口，不論是搭配經典的香草卡士達、玫瑰荔枝覆盆子，或是榛果醬內餡，均是天作之合。

艾梅最精采的千層派名為2000 Feuilles，兩千層派，使用義大利皮埃蒙（Piemonte）上等榛果製成香濃榛果醬，爆炸般的榛果香氣，配上完美烤製的派皮。入口是酥脆又是柔滑，風味醇郁甘美，絕對教人信服這款絕倫糕點有兩千層。

艾梅的糕點風格鮮明，以創新大膽聞名於世——「甜點界的畢卡索」是各大媒體最常用來形容他的封號。橘子橄欖油、辣椒檸檬皮覆盆子、酒杯菇綠茶，這些只是他天馬行空創意的一小部分。我知道上述味道有些教人摸不著頭緒，但艾梅的創作絕非標新立異，扎實深厚的基本功、直率不造作的味覺邏輯才是他的最大武器。乍看之下乖張，艾梅其實是以傳統經典作為根本。他販賣千層派、塔派、巴巴蘭姆酒蛋糕、馬卡龍、巧克力，都是在傳統店鋪會看到的產品。縱使在風味、外表上有所不同，那也僅是現代的解構，他的甜點依然流蕩古老靈魂，大膽而細膩，外剛而內柔。他賦予法式甜點新時代的定義，著實影響法國、日本等甜點強國的風格走向，絕對稱得上是21世紀最具影響力的甜點師傅。

濃郁扎實的榛果千層派。

La Pâtisserie des Rêves

走過這家店的玻璃櫥窗，極少人能不被餘光景象吸引，各種甜點從低至高環繞圓形大桌，每個都有晶瑩玻璃鐘罩呵護。走進店內，右手邊滿是新鮮常溫蛋糕、維也納麵包，左邊林列棉花糖、巧克力一類點心。巴黎甜點店何其多，這間由甜點大師龔帝西尼（Philippe Conticini）主掌的La Pâtisserie Des Rêves卻始終占據我心頭，每隔一陣子感到嘴饞，便只能前往一解饞念。

出身廚藝世家的龔帝西尼年輕時在法國許多餐廳和甜點店工作過，爾後與兄弟共掌父親位於蒙馬特的餐廳，由他擔任甜點主廚，不僅齊力拿下米其林一星，更被法國另一重量級美食指南Gault-Millau選為該年最傑出的甜點師傅。

長年的餐廳背景，讓他跨越鹹與甜的界線，跳脫傳統甜點的框架，製作極為精巧的甜點。「我以前會在甜點中加入12至14種味道。」他回憶道。龔帝西尼宣稱自己的風格極為現代，喜愛創意。餐廳主廚、甜點顧問、電視節目名廚的多重身分給他許多機會實踐各種天馬行空的風味組合。「我不斷追尋華麗的創意，直到有一天，我決定回歸原真。」

La Pâtisserie Des Rêves就是在如此理想下誕生，店內少見誇張怪誕的新鮮玩意，販售的是法式甜點的基本款，如千層派、泡芙、塔派等等。但龔帝西尼並未將過去30年的異稟天賦拋下，反是融粹畢生功力，化繁為精，專注於做出單純而不簡單的美味。拿再普通不過的貝殼狀小蛋糕馬德蓮（Madeleine）來說，這種由蛋、奶油、麵粉組成的簡單點心在法國隨處可見，連超市都有販賣，但吃來往往教人失望，除了乾癟無味之外，很難找得到相襯的形容詞；但La Pâtisserie Des Rêves的馬德蓮可不一樣，它的體型比平常大上三倍，烤得外酥內柔，整顆滿是香草籽的優雅氣韻與清爽的奶油香。我至今尚未嘗過比這更棒的馬德蓮了，每每路過嘴饞，總忍不住買一顆來吃。

玻璃鐘罩造型的冷藏裝置十分吸睛。

龔帝西尼同時對風味、口感具高度意識。不論是聖多諾黑綿挺如雪的鮮奶油香緹，還是檸檬塔上輕盈如雲的蛋白霜，不僅僅是味道表現亮眼，細緻而獨特的口感更是令人回味再三的關鍵。該店講究季節水果是另一亮點，每個月份都會推出以當季水果為主題的甜點，讓客人嘗到最新鮮的滋味。

蒙布朗（Mont Blanc），以白朗峰命名的栗子塔，傳統作法是酒味極重、甜得嚇人的甜點，在龔帝西尼優雅的詮釋下，用煨煮過橙皮的打發鮮奶油取代傳統的甜膩蛋白霜；質地細緻綿密的栗子奶油，甜中帶甘，甘中帶香；底層酥脆的塔皮內是質地、風味更為厚重的栗子泥與栗子丁，點綴以熱帶果香馥郁的蘭姆酒。整款甜點嘗來變幻不止，風味一下由輕轉濃，口感由柔轉脆，下一秒又是芬芳的果香及豪邁得令人詫異的酒漬栗子。很多人認識蒙布朗是因為巴黎另一家以此出名的店家，但我以為巴黎最棒的蒙布朗其實在La Pâtisserie Des Rêves。

龔帝西尼從一個許多人視為高峰的地方下山來，開始做起簡樸的甜點。有些人不知情，嘗完還嫌他的作品單調。但從他手中造出一座又一座的小白朗峰，我看見他對於食材特性、風味組合、口感經營的精準掌握。過去30年來，從見山是山，到見山不是山，最後下山，每一步旅程都凝匯於心，不乖張、不誇揚，似雪，輕輕降在創作之上，如同他本人所述：「展現創意對每個人都很容易，不是嗎？但要意識到創意很單純卻不容易，這需要許多年的時間。」

1

2　3

1 肥碩、充滿香草籽的馬德蓮。
2 個人覺得要做出有特色的蒙布朗並不容易。如何用酒香與甜味引出栗子的淡雅風味，又不至喧賓奪主是很重要的課題。
3 春天的鳳梨芒果塔，用荳蔻輕渺的香氣，襯出焦香糖蜜的鳳梨甜味。

流著奶與蜜的甜蜜之城──巧克力篇

無力癱坐在薩布隆廣場（Place du Grand Sablon）一隅，我終於親身驗證世界最大謎團之一。人在大名鼎鼎比利時首都布魯塞爾，可能是全世界巧克力店密度最高的廣場上，卻尋不著一家令人驚豔的比利時巧克力，到底為什麼？其實答案很簡單，因為比利時巧克力出名已經是上個世紀的事了。物換星移，比利時傳統巧克力顯得甜膩過時，新一輩職人企圖跟上主流風味，但顯然力有未逮。他們對單品巧克力的概念尚不清晰，無法展現巧克力的高貴本質。進入21世紀，巧克力的主流究竟是什麼？小姐，先生，容我向各位介紹——正是法式巧克力。

「法式巧克力？」總有人會接著提出質疑，問比利時和瑞士是怎麼回事。瑞士對於巧克力的重要貢獻出現於19世紀晚期，當時固態食用巧克力才剛被英國人發明不到40年，瑞士人魯道夫‧蓮（Rodolphe Lindt）發明了巧克力精鍊機（Conche）。這項發明使得巧克力口感大大提升，從原本的粗糙刮舌變成柔順滑口，瑞士巧克力因此風光一時；比利時巧克力的名聲則是因為他們「宣稱」發明了夾心巧克力，也就是有著巧克力外殼與不同風味內餡的巧克力糖，但並沒有足夠史料可以證明這項說法。經過百餘年，這兩國當初握有的獨特優勢早已不在，精鍊機技術已不再是機密，夾心巧克力也成了所有甜點師傅都必須接觸的甜品。而這兩國卻執意占據巧克力歷史的高點，不願前進。不知過度沉溺於往日輝煌時，時光之流卻一刻也沒停留。

比、瑞二國隔壁的法國算是歐洲早期食用可可的國家之一，從航海時代到宗教改革，從太陽王到法國大革命，可可從起初的飲料變成了固體巧克力，被廣泛納入正蓬勃發展的法式甜點，隱隱蓄積能量。法國在廚神保羅‧包庫斯（Paul Bocuse）的帶領下開創了美食新紀元，廚師從幕後來到幕前，宣揚他們的創作理念及對食材的講究。長久以來存在法國品酒精神的「風土」再冉擴散到其他食物，廚師、消費者開始體會欣賞因為種種不同變因而產生的食材，這之中包含了巧克力。

　　在這之前，巧克力就像三合一咖啡，沒人在意它用何種豆子、產自何方。那時風味肯定很可怕，試想從象牙海岸、委內瑞拉、馬來西亞的可可豆混在一起，發爛、發霉、被狗撒尿、蟲蛀，所有的豆子入鍋火力全開，留下來的只是單調死沉的焦苦味。為了壓抑前者，必須加入許多的糖，使得巧克力又焦又甜。法國是第一個專注經營巧克力風味的國家，他們嘗試以國家、地域，甚至莊園為生產單位，也區分豆種；還開始講究可可果樹的種植、後續發酵烘焙工法。法式巧克力在這樣的基礎下茁壯，形成龐大的風味體系，結合法國師傅一向堅強的品味，成為巧克力界的中堅砥柱。

　　法國人每年巧克力食用量在世界各國中並不突出，但巧克力在生活裡是恰如其分地存在。再小的小鎮幾乎都有一間巧克力店，而且用的都可能是他國視為頂級的原料。親朋好友之間送禮，閒暇偶爾進店內隨意買幾顆夾心，法國是個不太需要費心就可以找到好巧克力的地方。甜點之都巴黎更是如此，國內各個知名大師很難不在巴黎開設店鋪，以供應這座需求量看似永無止盡的城市。

Le Salon du Chocolat

　　巧克力沙龍是由法國定期舉辦的巧克力博覽會，除了巡迴法國國內各大城市以外，近年也在紐約、倫敦、布魯塞爾、東京等國際大城舉辦，規模和水準都可說是世界第一。

　　最盛大的巧克力沙龍非巴黎莫屬。全世界最厲害的單品巧克力廠、獨立製作者、夾心巧克力師傅一次到齊。這往往是見識巴黎以外其他作品的大好時機，例如里昂的巧克力師傅布耶（Sébastien Bouillet）、瓦隆的單品巧克力廠Bonnat、厄瓜多爾的Pacari、越南的Marou等等。除了店家攤位以外，展覽常伴隨著國際比賽，如「世界巧克力大師賽」經常隨展舉行。

各式擬真巧克力。

La Maison du Chocolat

　還記得我在前面提過的這家傳奇巧克力店嗎？巴黎近代第一間夾心巧克力專賣店，與高品質巧克力廠法芙娜密切合作，巧克力之家的夾心風味非常標緻漂亮。創始人蘭克斯門下弟子無數，當前巧克力界叫得出名號的師傅，尚保羅・艾文（Jean-Paul Hévin）、米榭・修東（Michel Chaudun）、熱南等都在此店待過，受其啟蒙。

　比起其他店家，巧克力之家的甘那許無論口感、味道始終保持高水準的平衡與層次，不只在夾心巧克力上，連甜點也是如此。一般為了方便，馬卡龍內餡成型會在冷卻時攪拌使之硬化，卻也會造成口感變得粗硬。巧克力之家的馬卡龍內餡完全不會如此，簡直像在吃夾心巧克力一般柔軟，而且不論是哪種風味，內餡都有使用巧克力，絕對是巧克力愛好者的天堂。隨季節更迭，他們不斷推陳出新，店內甜點款式雖不比其他甜點店來得多，閃電泡芙、各種口味的巧克力蛋糕卻樣樣精采，值得一試。

豪邁堆疊的巧克力金字塔。

以諾曼第夏日為主題的巧克力。　　內餡出色的馬卡龍。

Patrick Roger

　走在巴黎街頭，如果先瞄到一片土耳其藍，然後接著出現各種令人驚嘆的巧克力藝品，那肯定是到了派屈克‧侯傑（Patrick Roger）的店。這位巧克力最佳職人是位不折不扣的藝術家，他熱愛雕塑，也熱愛巧克力，巧克力雕塑理所當然成了他店裡的活招牌。有時可能是隻兩公尺大的河馬，有時又是兩隻猩猩坐在店內。某年聖誕節，他突發奇想在自家工廠用四噸巧克力打造出一座高十公尺的聖誕樹。這位藝術家總是不斷透過巧克力做出不可思議的東西。

Pierre Hermé

在法國，巧克力師傅與甜點師傅是兩個專業。當然，巧克力算是在甜點範疇中的一項技藝，但巧克力師傅肯定鑽研得比甜點師傅精深許多。或許吧，但甜點之神用行動證明他似乎無所不能。艾梅先生的夾心巧克力風味直暢大膽，卻不失細節。內餡猶如奶油的特殊口感更是其他巧克力中少見的表現。當所有人都將焦點放在他的馬卡龍與甜點時，鮮少人知道他的巧克力比起巴黎任何一位頂尖巧克力師傅都絲毫不遜色。

以一位巧克力師的觀點，我最佩服艾梅對巧克力的詮釋功力。一般甜點師傅常將巧克力視為單純素材，他們或許選用高品質原料，卻無法體會、保留並彰顯巧克力的細緻風味，因此嘗來總是有些單調無趣，PH就不一樣了。他在甜點中均展現完美無比的平衡功力，將巧克力的苦甘、果韻、香甜揮灑得淋漓盡致。能在甜點與巧克力兩個領域都有同樣的高水準演出，我目前只見過他一人。在他手中，巧克力是活的。

1　3

2　　　／

1　復活節巧克力雞蛋海。

2　情人節心形巧克力。

3　Ombre & Lumière，光與影，此款蛋糕擺脫匠氣，展現巧克力難見於甜點的酸韻，巧妙地在苦甜間點綴出第三種元素，使甜點饒富層次。

François Pralus

　　想要親自體驗法國高品質單品巧克力的風潮，你就絕對不能錯過馮蘇瓦・帕呂（François Pralus）。這位被法國媒體稱為「巧克力冒險家」的狂人，與一般巧克力師傅最大的差別在於他專精於製作單品巧克力，而且不是兩三種，是18種、來自21個產地的單品巧克力！從非洲的迦納、坦尚尼亞，到亞洲的印尼、馬來西亞，乃至中南美洲的厄瓜多爾、委內瑞拉，世界上只要有產可可的地方，帕呂先生幾乎都親自遊歷，並用當地可可豆做出專屬的單品巧克力。

　　談到巧克力，不難從帕呂先生的談話中讀出他多麼重視巧克力，更難能可貴的是他對人本的尊重。他是這麼說的：「巧克力讓我有機會認識世界上許多生產、製作可可的人們，並將因不同產地孕育而生的熱情，分享給擁有同等熱情的農人、職人與消費者。」被問到他在巧克力界中最景仰的人物時，帕呂的回應出人意料，並非某位手工巧克力或糕點大師，而是栽種可可樹的可可農民們：「我十分景仰在可可農場工作的人們，全村人民因為對可可的熱情投入生產，他們在一種崇高莊嚴的境界中追求高品質的可可豆。」

　　縱觀整體，他的巧克力十分有個性，風味力度強勁，巧克力在木質、焙香方面的詮釋剛猛大膽，是我從未在其他品牌嘗過的獨到之美。若自認是單品巧克力痴，那麼François Pralus的巧克力絕對是此生必須一嘗的偉大作品。以一人之狂，將世界融進了巧克力。

族繁不及備載

　　從甜點講到巧克力，天曉得我們遺落多少同樣值得書提的店家與職人。當以細管之孔窺探，卻美得目不暇給，我們必須合理推斷巴黎這座城市、法國這個國家蘊藏著多大的實力。相信我，如果深愛甜點與巧克力，巴黎就是甜點人的麥加、耶路撒冷、那棵菩提樹。在這裡，我找到依歸。

位於龐畢度藝術中心附近的François Pralus。

19　真食｜上篇

早晨登入電子報首頁,看到台灣頭條新聞又是食安問題,差點沒昏過去。來法國一年半載,台灣接連爆出使用過期食品原料、毒澱粉、香精麵包等事件,身旁朋友恐慌之餘,我內心是既沉重又無奈。

這是世界性的危機。資本社會講求效率方便,食物型態也為之改變。我們開始改造動植物基因,使用化學藥劑除雜草害蟲,刺激動植物以非自然方式成長;我們開始對食物添加各種防腐、均質、改良劑,無所不用其極地降低成本、延長期限到一種扭曲不堪的境地——這是世界性的趨勢,極度悲哀卻非毫無扭轉契機的趨勢。

真食的疏離感

就讀斐杭狄時,校方安排我們前往巴黎郊外參觀世界最大的食品集散市場Rungis。凌晨三點半,大夥睡眼惺忪登上巴士,趕在漁市收攤前一窺其貌。總占地232公頃,Rungis分成肉類、水產、乳品、鮮花、蔬果五大區,場區裡有近兩千家公司,更有附屬醫院、警局、消防隊、餐廳,甚至有鋪設鐵軌,方便貨品運輸。只說是市場實在過於含蓄,它簡直像座食品貨櫃港。

我們耗費五個小時穿梭各區,以走馬看花的方式勉強快速逛完。途中逛到由好幾座巨型冷藏庫構成的肉品區,屠宰完畢的動物直接置於其中,選購者得穿衛生衣帽才能進入。通過幾道防止冷氣外洩的閘門,映入眼簾的是一片壯觀的「肉林」,豬牛羊馬雞鴨鵝兔鼠(甚至是天竺鼠),完整肢體、分解成塊、攪成肉泥……任何種類、形式的肉品皆以衛生且整齊的方式陳列於前。當我對整條肥碩的陳年伊比利火腿發愣流口水時,背後的同學倒抽一口氣:「天啊…這些肉好噁心,我好像快吐了……」我的白眼早已翻到後腦勺,直直穿過腦袋瞪著他說:「拜託!」

1 3
2

1 Rungis市場的蔬果區。　2 冷藏庫肉品區。　3 乳豬。

　　這是英美文化中常見的情況，當飲食型態過於單一，遠離食物常態，缺乏常識使他們對食物認知產生偏差。曾有一節目探討英美兩國的飲食困境，美國小學生可以辨認豬牛羊，卻不知道豬牛羊排正取自這些動物；英國小學生就更荒唐了，竟以為雞腿像玉米一樣，是從田裡長出來的。當然，這聽起來像笑話，小學生終究會長大並了解真相，但多數的英美國人對於肉品（尤其是能看出動物外形者）仍持有「血腥」、「噁心」的看法。他們期望肉品被去骨、切得方正、不能有血水，更遑論內臟皮毛，任何令人想起眼前肉塊曾是活生生動物的證據都該被消滅。於是，他們心安理得大啖由各種內臟、碎肉、皮屑製成的絞肉漢堡，看到全雞、豬頭、牛尾時反而嚇得倒胃；相較之下，法國人看待肉類的心態顯然健康多了。市場毫不避諱擺著各式肉類部位不說，時常可見父母帶小孩站在肉販前，一邊看著師傅肢解，一邊教導常識，孩子們從小就以大方心態接觸這些畫面，明白日常肉品起源於某個動物的死。

並非人人都必須欣然接受肉品赤裸的樣貌，但大家有義務了解它如何產生。有些人認為食肉為動物和環境帶來沉重負擔，因而選擇吃素；也有人覺得雜食是人類必需，但他們在意生產過程動物如何被對待——這些都是了解肉品生產過程後做出的理性選擇。若人將之視為需要被疏遠隔離的噁心畫面，代表我們並未正視動物為人類付出的生命代價。這種逃避式的疏離感會讓我們對食物原貌的認識漸漸失真，不僅是肉類，而是所有食物。一旦不認識食物，失去判斷能力，就是利益至上的工業食品鉅子登場的時候。

被綁架的風味

　　我們一行人逛到蔬果區，看見一籃櫻桃，當同學們交換彼此對櫻桃的看法時，另一位朋友悻悻然說了：

　　「我沒有吃過真正的櫻桃⋯。」

Rungis規畫整齊、維持良好的儲藏販售環境。

「什麼叫你沒吃過真正的櫻桃？！」我瞪大眼望著他。

「我只有吃過在聖代冰淇淋上面的那種醃漬櫻桃，那算嗎？」

「你住在加州一輩子竟然沒吃過半顆新鮮櫻桃？你在唬我吧？」

「不是我的錯啊。因為吃水果⋯我不知道，很奇怪吔。」

在一片靜默中，我意識到這個世代面臨的飲食危機比想像中嚴重許多。當立志成為甜點師傅的人覺得品嘗水果是件怪事時，到底還有什麼事好奇怪？如果沒有品嘗過櫻桃，要如何辨識、欣賞並使用它？如果專業人士都覺得沒必要認識天然食材，更何況一般民眾？這正是工業食品鉅子樂見的情況。他們不希望消費者對食物品質、風味有太多認識及堅持，因為這些正是大規模生產所欠缺的特質。這類食品通常極度依賴基因改造、化學藥劑、食物添加劑，廠商對風味、營養完全在乎，乍看之下乾淨衛生的呈現也可能只是透過化學手段達到「無菌」的效果，卻因此殘留更多對人體有害的物質。

今日，農牧業脫離個體小農形態，轉變成巨型托拉斯，食物生產不再以最高食用品質為目標，而是追求最低成本，並透過加工使品質均一化。在這種生產形態裡，天然食材的獨特性早已因為基改及重重加工而消失無蹤，廠商為了讓商品更加誘人，展開一連串的味覺綁架遊戲。

由於人們獲取天然食物的機會逐漸減少，廠商透過包裝和行銷重新「教育」消費者。甜點中最常被操弄的例子便是香草（vanilla），這個廣泛運用於點心的香料原生於墨西哥，是一種蘭花植物，也是世界上第二昂貴的香料。隨著產地不同，香草有不同香氣，共同特徵為氣味淡雅，煙燻中帶些許奶香甜氣，尾韻有水果、花類酸韻。

食品工業用的香草精就大大不同了，它是以人工合成的方式仿造「香草醛」——香草內最主要的芬芳物質。人工香草精成本低廉，只要一滴，便可為大量食物帶來濃郁香氣。但因為不含香草莢內其他複雜的芬芳物質，人工香草精香氣單調而強烈。近年美食文化興起前，消費者很

少有機會認識天然香草莢的味道，大家所認識的香草味就是濃烈甜膩的奶香。殊不知，天然香草的風味遠比香精來得深奧多變。每當請朋友試聞真正的香草莢時，大家總是驚呼：「這是什麼香味？為什麼跟平常吃到的香草完全不一樣？」因為當我們主動放棄認識食物，等於給食品商竄改事實的機會，大家的味覺早已被食品工業綁架。

這件事情正廣泛發生在所有飲食上，人們開始相信牛肉嘗起來就應該像速食店的漢堡；草莓就是一種難以言喻、灌滿鼻腔的奇妙甜氣（縱使這種氣味常出現在廁所芳香劑、洗手乳中，大家依然吃得樂此不疲）；只要黑黑甜甜的物質便是巧克力；只要濃醇香就是好牛奶（不管裡頭到底加了什麼）。在缺乏基本常識及求證精神的雙重劣勢下，大量消費者的味覺認知建立在工業食品上。於是，從選購那刻開始，多數人已失去捍衛自身健康的權利。

法國可就不是如此了。國家法律對食品規範嚴格，針對與消費者息息相關的商品名稱設下明確定義，讓消費者可以輕易從品名辨識食物的製作方式、內容物等資訊。例如當在優格中加入天然草莓，它可標示為「草莓優格」；另外一種優格僅以香精調味（不論天然與否）且不含天然草莓，則只能稱為「草莓調味優格」；另個例子是果醬（confiture），要標示產品為confiture，每100克果醬必須含有至少55%砂糖及35克水果，以達到適切保存性及風味。未達此標準者或者水果形態不同以致作法不同者，則須使用其他名稱，不可與confiture混淆並用。

法國選擇約束商品名稱的法律性，簡化消費者辨識流程。在宣導教育下，人們無須費心研究，可以直接從名稱大致了解商品內容。這當然不是一套完美無缺的機制，但品名法規化，乃至法國

A.O.C.與A.O.P.制度
A.O.C.全名為Appellation d'origine contrôlée，意為「法定產區認證」，
用以保護、證明特定產區的特定產品，涵蓋範圍極廣，從農作物、酒到乳酪皆有。
目前法國已將A.O.C.與歐盟規格統一，改標為A.O.P（Appellation d'Origine Protégée，
法定保護產區認證）。

A.O.C.、歐盟A.O.P.制度，在保護傳統特色食材的品質上提供一定助力，也保障消費者權益。

當法國已從消費公平、文化傳統的角度設立食品法規時，台灣連最基本的有害物質都無法有效規範及遏止。縱使台灣也有針對商品名稱作定義，但由於宣導不周，根本沒消費者知道，反而變成廠商與政府大玩文字遊戲。身為消費者，萬萬不可有置身事外的心態，因為食品工業在國家經濟和政治上扮演重要角色。世界歷史經驗顯示，只要有危害利益之事，這些大公司會無所不用其極地掩飾、扭曲真相，或乾脆脅迫政府介入，為他們大開緊急逃生出口。而縱使國家相關單位盡忠職守，最後還是可能因為上級的利益矛盾，而使他們無法貫徹法律，消費者必須意識到自己的健康權益並不被大公司及國家擺在第一考量。

值得慶幸的是，縱使工業食品浪潮凶猛，依然有許多講究品質的食物生產者、製作者努力提供優質食品。如果你在意家人朋友與自身健康，那麼培養正確的飲食常識及觀念是當務之急。唯有如此，你才有辦法在市面上眼花撩亂的萬種產品中輕易辨識哪些值得購買、哪些是昂貴不值的垃圾食物，甚至是有害的慢性毒物。

20 真食｜下篇

Genuine Food

我們應該擺脫的迷思——顏色

常謂「色香味俱全」，顏色被擺在最前頭，說明視覺確實是人接觸食物的感官前線。大腦對食物外觀有一套複雜的計算程式，有一部分是來自動物原始本能，比如說畏懼顏色太鮮豔的食物，因為這在自然界中常含劇毒；另外一部分則來自社會化，教育、環境、資訊等累積出來的經驗。這些經驗在當今，誠如之前所述，已有很大一部分被扭曲、誤植。所以當我們選擇相信親眼所見時，往往會忽略觀念早就出錯。

你可曾想過為什麼原本灰色的芋頭做成冰淇淋、芋泥、奶油餡、奶茶之後會變成純然漂亮的紫色？超商水果霜淇淋紅得像水彩？所以動物本能到了21世紀依然有用，顏色太鮮豔的食物還是少碰為妙。有人覺得因為裡面有色素，但色素不是重點，你更該擔心構成這類廉價產品的其他主要原料，如氫化油脂、基改作物、甜味劑等。一個食品採用色素時，通常代表製作者企圖模擬某樣天然食材。言下之意，你手上的東西很可能連味道、口感都由香精、添加劑假造而來。反觀色素，若非劣質的工業級色素，一般食用性色素不過是增加產品的顏色，而且用量極少，危害絕對不比食品中其他添加物來得可怕。所以我一直不覺得色素有什麼問題，而是使用者企圖用色素呈現或掩飾什麼。

法式甜點使用色素不是為了掩飾造假，而是為了在本質扎實的產品上增添美感。法國人把廚藝當成一門藝術早已眾所皆知，從食材生產、烹飪手法、裝飾技巧、食用方式到服務流程，無一不講究，食物外觀當然是廚師灌注心神經營的重點之一。比起其他食物，甜點又更屬精緻，隨著新技術不斷出現，外觀日益華麗，媲美珠寶。這時候色素便派上用場，不論是閃電泡芙上的翻糖霜、巧克力上的彩色花紋，或是馬卡龍餅殼。

　　我遇過許多朋友對色素十分感冒，但大多並未釐清潛在邏輯。台灣使用色素的食物通常是廉價工業產品，不但品質匱乏且對健康可能有害，但色素並不是直接導致傷害的原因；法式甜點本質上與上述食物不同，多是純正扎實的優質產品，連偷工減料都不願意，遑論使用有害的原料。只要正常使用法規核可的食用色素，劑量極小，對人體影響微乎其微。以數十份泡芙的水果卡士達醬而言，為了讓卡士達醬更接近水果原色，會添加三至四滴色素，均分到每份泡芙後，根本不到0.01克，不必過於操心；反倒是喝一杯用奶精泡出來的奶茶，其中反式脂肪酸造成的傷害還比較大。

我們應該擺脫的迷思——假天然

　　經過工業食物毒害多年的消費者終於在'09年代後期開始覺醒，促成市面產品出現一陣「健康」、「天然」風潮，這股風潮一路演變，至今以「有機」、「綠色環保」、「公平貿易」等形式繼續存在，但這些產品真的如它們廣告中所行銷宣傳的這麼美好、健康，並對環境友善嗎？

　　70年代後期，美國某零食公司因為政府對於食用油添加量管制日益嚴格，緊急因應推出美國市場上第一個主打「少油」的產品。他們確實降低產品中的用油量，卻添加了更多玉米糖漿，因為他們經過多年市場經驗得出結論，當產品越甜，越會刺激大腦產生食欲，進而促進消費。當時消費者以為買了少油產品賺到了健康，但他們其實大量超出攝取對健康爭議極大的玉米糖漿，也逐漸將自己推入偏差的飲食成癮危機中。

這就是商人沒有在包裝上告訴你的事，他們會將最吸引人的詞彙用顯眼紅黃色爆炸圖像框出來，用障眼法說服你這個產品極為天然，對身體健康有益無害。多數消費者面對這種話術毫無抵抗力，甚至會進行一連串不理性的聯想，例如「天然有機」、「少油少糖」、「低熱量」就等於健康。試問，用有機馬鈴薯、有機油炸成的洋芋片食用過多會有什麼後果？答案是跟普通洋芋片一模一樣，會造成肥胖與心血管疾病；如果某食物標榜少油，為了彌補口感損失，卻添加更多糖，消費者會不會因為覺得少油而食用更多？稍加剖析後，你會發現許多食品用詞都有更深層、黑暗的意涵。

台灣食品法中，只要反式脂肪酸不超過產品總量0.3%，即可標示為零。
若忽略可能含有反式脂肪酸的食物，長期累積攝取，對健康負面影響甚鉅。

1　2　3

1　法國有千種不同乳酪。若每天吃三種，一年恐怕尚無法嘗遍。
2　天然動物鮮奶油不論於健康、風味與口感都大勝植物性鮮奶油。法國人尤愛在冰淇淋豪邁擠上一山的動物鮮奶油。
3　精緻的發酵奶油Bordier，每塊皆以木板手工拍打塑成。

　　台灣最常見的「天然」誤解大概是油品。多數消費者並未正確了解動物油與植物油的本質，一味畏懼前者，讚捧後者。台灣民眾有段時期飽受心血管疾病所苦，當時把原因歸咎於動物性油脂。於是，大家開始認為動物性油脂，豬雞鴨鵝油，是不好的油脂，植物油才是好油。當時社會正處於轉型階段，過去農業時代大量攝取動物油脂的習慣，造成都市化後勞動量減少的身體難以負荷。如今，我們不再像過去用豬油炒菜、鵝油拌飯，大豆、玉米、橄欖油等植物性油脂成為日常主要食用油。而動物（鮮）奶油理所當然繼承了人們對動物油的恐懼，大家也不知為何異想天開覺得動物油容易造成肥胖及健康問題，而植物油卻不會。

　　事實上，植物油不等於健康保證。它雖然多屬不飽和脂肪，對心血管負擔較小，但耐熱性較低。若調理方法失當，很容易造成油品劣變產生致癌物質。另外，可別以為平日常見於超市的植物性（鮮）奶油有「植物」二字就比較健康。植物性（鮮）奶油與你想像中的植物油完全不同，為了仿造出動物性油脂的口感與物理性質，廠商將便宜的植物油氫化，添入牛奶香精，製成所謂植物性（鮮）奶油。氫化過程中會將植物油本身不飽和脂肪的特性轉化成飽和脂肪酸，如此一來便與動物油無異，更糟的是會產生反式脂肪酸這個副產物。這種飽和脂肪與糖尿病、心血管疾病、心臟病有直接關聯，比起攝取過量才會造成身體負擔的天然動物油，人工氫化油才是小量便可直接威脅健康的可怕食材。廉價麵包、蛋糕的奶油餡料、飲料店奶精、早餐店的罐裝奶油往往都是植物性（鮮）奶油，為了健康著想，應該盡量減少食用。

法國市場

逛市集是我在法國僅次於吃甜點的最大興趣。每個鄉鎮城市都有市集，一週營業兩三天。有些設在街上，攤販頂著陽光露天叫賣；有些則在大型鐵棚底下，共同特徵是永遠都整齊乾淨，逛起來舒服愉悅。

　　第一次逛市集是在巴黎冬日，那天氣溫四度，讓我這剛來自溫暖南國的旅人直打哆嗦。接待的阿姨知道我來法國學甜點，提議去傳統市場逛一圈。步行在郊外的住宅區，眼裡耳邊事物盡是新鮮。賣香菸報紙樂透的雜貨店，露天座位永遠比內用區搶手的咖啡館，無視紅綠燈的巴黎行人在每口吐出的霧氣中逐漸變得真實。轉過街角，巨大的鐵棚建築映入眼簾，底下攤位鱗次櫛比，好不熱鬧。我瞪大著眼看塞滿整座落地展示櫃的乳酪乳品，又不時窺探隔壁新鮮製作的麵餃麵條。市場環境不禁令人感到佩服，毫不髒亂，反而充滿蔬菜水果的香氣。逛到海鮮攤位，我站在前面一聞，才理解法文將海鮮稱作「海中水果」（fruit de mer）的原因。聞不到腥臭，只有蝦蟹蚌魚飽滿的甘甜。

　　往後在法國的日子，逛市集變成假日休閒，也是每到法國各地旅遊的標準行程。我在巴黎第一個住所位於六區，那裡可說是菁華薈萃，有重要政治學府、左岸最早最大的百貨公司、精品商店、著名咖啡廳及多到數不完的甜點店。住所幾步之遙有條林蔭大道，每到週末便有市集。上學上工累了，到市集採買新鮮蔬菜、肉類回家料理，對身心是一大慰藉。

　　根據調查，巴黎人外食比例極高，一方面是多數巴黎寓所不大，廚房狹小；另方面外食餐廳選擇實在很多。雖然不乏微波調理包食品，巴黎人多少被這城市眾多美食寵壞。週末逛市集於是成為放鬆心靈的休閒娛樂，你上市場見遠從布列塔尼而來的漁商或是從西南部上來的肝醬香料舖，和對方聊聊北方陰雨、南方豔陽。你感受得到他們熱愛自家產品，不是為了促成交易，而是深怕你錯過這等美好，拚命向你解釋推薦。

　　「你今天想嘗嘗看哪種乳酪呢？最近這批羊乳酪真的很美味！」切完一片給我試吃，老闆自己捏起碎邊放入嘴中，自顧自地陶醉起來。關於推銷這檔事，法國人有時直率得可愛。當你詢問店員一樣東西而他剛好不喜歡，他可能會回頭張望老闆一下，再對你說：「這東西噁心透了。我建議你選別的。」

↖ 自製義大利麵及麵餃。　↑ 露天市集。

↖ 上市場買菜還可以兼運動，想不到吧？
→ 布列塔尼省小鎮狄儂（Dinan）。天棚優雅地覆蓋藏身巷弄的市
　集，讓人不會淋到永不停歇的北方陰雨。

　　法國各地市場風情迥異，充滿當地文化特色的食品。北法酪農業發達，在當地市集可見比平常更多元的乳製品。因為乳源充足，焦糖理所當然成為他們的傳統。焦糖太妃、焦糖軟糖、焦糖抹醬配上可麗餅，噢，豈能忘了蘋果酒（cidre）？諾曼第人對蘋果酒的講究程度、品牌數量不輸給比利時人之於啤酒，吃可麗餅定要配上一甕用陶罐裝的蘋果酒才上道。來到中南部的里昂，也有不少市集可逛。里昂是法國人公認的美食之都，有眾多氣氛慵閒、料理豪邁的傳統餐酒館（bouchon，意為酒塞）；近代法式料理之父包庫斯（Paul Bocuse）長年在里昂付出的餐飲貢獻更使得這座城市聲名大噪。供給這座城市發展美食的市集肯定不簡單，里昂市區甚至有座市場以Bocuse命名，裡頭除了生鮮食材外，還有許多販售美味熟食的攤位，希臘菜、清煮海鮮、海鮮冷盤、漬物、里昂美食……應有盡有。

　　巴黎傷兵院不遠處的薩克斯-布荷特伊市集（Marché Saxe-Breteuil），我說它是世界最浪漫的市集，因為它與艾菲爾鐵塔遙遙相望，買菜時一抬頭就是鐵塔的美麗倩影。這市集與巴黎其他市集相比稱不上熱鬧，攤位零星散落在寬敞的分隔島上，為兩旁華麗的奧斯曼風格建築環抱。起點處的圓環樹下坐著一位年輕女子，她面前放著一只空的白色塑膠杯，裡頭有幾枚硬幣。像她一樣討生活的人在法國並不少見。我不喜歡稱之為乞討，因為不論是施者和受者都不認同「乞丐」的概念。

← 座落隆河畔的市集，大樹林立好不漂亮。

我曾試圖了解法國人到底是怎麼看待這件事，「他們也是人。」做過田野訪談的法國朋友這麼說，「他們有血有肉，也渴望與人交談 互動；他們有自尊，也會受傷。」這讓我想起某回地鐵上，一位遊民因為對方給他幾枚centimes（100枚等於1歐元）而勃然大怒。

「很多時候，他們是被大環境放逐的人們，並不是他們天生懶惰。這幾年很多技術性低的藍領階級失去了工作。面臨失業率高升、能力與就業環境脫節的窘境，他們根本無處可去。」

此時一位白髮長者在這位女子身旁蹲下，我不禁湊近聆聽。原來女子是阿爾及利亞人，她說家鄉生活太苦，於是孤身逃來法國。沒有合法文件的她試過在很多同鄉商店找份零工，但終究沒著落，只能這樣殘喘活著。

「我也是阿爾及利亞人。」老人在話題停頓後表示，然後他們便開始用家鄉話暢談了起來。臨行前，老人從口袋裡掏出50歐元的鈔票，實實塞進女子的手中，另隻手沉甸甸包住她的手，並對她說：「加油。祝妳一切好運。」

人來人往間，嘈雜市集承載的不只是貨品交易。不知為何，巴黎人平時的孤傲冷淡在市集似乎能被融解。市集讓人比平時多了些活力，多了些溫暖，成了人們情感交融的場所。至少，我很樂意一廂情願這麼認為。

22　Finale

最後一盒巧克力

南法，聽到這兩字，腦海即浮現深藍的地中海和黃色矮房。普羅旺斯是大家對她的直接聯想，整片紫豔的花田，我待了兩個夏天依然沒能親眼見上一回。一直無緣玩透南法，只能像個觀光客速來速往，走馬看花。尼斯對我的魅力不大，像是把庸俗的香榭麗舍購物街丟到地中海旁，晚上再加碼送上滿街的高級伴遊女郎；不知馬賽髒亂的市容經過一年整修，身為2013年歐洲文化城市是否美麗些許？這也怪不得南法，畢竟每年夏天全法國的人及周邊義大利、英國、西班牙遊客都會跑來度假。當到處都是觀光客，一個地方很難維持格調，喔，高傲的巴黎例外，這還得感謝老天爺把巴黎人雕塑得這麼嗆辣。

搭上離開法國前最後一趟TGV高速列車，拿著再熟悉不過的車票，想起第一次搭乘時不知要先打票，被迫用破法文與車掌解釋的窘境。在法國面臨的窘境可多了，但平平安安活到今日，似乎沒什麼好抱怨。那天車上廣播特別勤勞，把餐車所供應的餐點全念了，雖然下午一點多才會抵達，我內心卻只惦著南法的美好滋味。有個友人告訴我他在南法嘗到全法國最棒的夾心巧克力。這位友人品味極高，我自然相信他說的，匆匆訂了票，跳上車，連住處都沒找，就為了巧克力風塵僕僕到了蔚藍海岸。

南法好熱，像台灣，只是乾了許多。我以前總是抱怨台灣又濕又熱好噁心，但當熱到一滴汗也流不出時，似乎也不甚開心。信步在土黃偶轉礬紅的巷弄裡，許多貓咪見我蹲下便會靠近磨蹭，發出咕嚕聲。冷氣是法國人眼中的高科技奢侈品，縱使到南法也依然如此。大夥乾脆搬張椅子，赤著上身坐在門口看書。書是法國人的必需品，縱使在震度達芮氏規模6.6的巴黎四號線地鐵上，依然會有美女一手抓著欄杆，在晃蕩中津津有味啃著她的書。

一如過往拜訪過的二十餘個法國城市，整趟旅程除了吃，沒有其他重點。身為吃漢的我甚愛在法國旅行，只要訂好餐廳，拎著一包行囊，裡頭放相機、牙刷、換洗衣物就可以出發。到了目的地，前往餐廳用餐，當三小時的美酒佳餚甘酪甜品將五臟廟升級成凡爾賽宮，就代表到城鎮運動的時候到了。逛城鎮最有趣的是什麼？當然是體驗當地特有的飲食文化！市集、酒窖、雜貨舖、肉販、水果攤，從南到北都不一樣。心滿意足之際，又到了晚餐時刻，又是三小時，甚至更久的美食之約。

對只能依賴大眾運輸的旅人來說，瓦爾邦（Valbonne）不是容易到達的地方。從遙望尼斯的安堤布（Antibes）坐車出發，彎著旱黃山路而上，被丟在光禿山丘頂頭，換了車才好不容易進了小城鎮。雖然我形容巧克力的辭藻總是誇張，但這句話是真的，瓦爾邦小到15分鐘便可將鎮上每條街走過。不過別因此小看它，千萬別。我才剛從遊客中心問到晚上要去香水之都格拉斯（Grasse）的公車班次，拐個彎上坡準備好好探索這個城鎮時，「咦？就是這間了嗎？」法國最佳巧克力職人康布里尼（Christian Camprini）的店便在眼前。

↖ 瓦爾邦的小徑。
← 赤裸上身在街上納涼讀書的老人。

↑ 巧克力師康布里尼的店面。
← 瓦爾邦的街景。

　　輕輕走入店內，六坪左右的空間塞滿著巧克力、棉花糖、焦糖軟糖、馬卡龍。聞到新鮮巧克力充滿空氣，心裡已開始隱隱期待接下來要吃的東西。

　　「請給我這個這個這個這個。」我迅速選擇四款味道，原味、薰衣草蜜、覆盆子與香草。這是我認識一家店的不變鐵律，厲害的巧克力師一定懂得詮釋巧克力，因此原味必定要有細膩而分明的風味層次；覆盆子是刁蠻的酸果，無論於甘那許質地、味道都有其挑戰性，非常有鑑別度；香草可看出師傅對於甜苦平衡的掌握，因為太苦香草味出不來，太甜又會淪於低俗；他選用的蜜類究竟是濃重栗樹、淡雅灌木，還是清甜花草，通常會反映出師傅的風味個性。猜怎麼著？沒有一款讓我失望，非但如此，我吃完午餐後又折回店內買了所有的16種口味。

令人魂牽夢縈的巧克力。

　　我以為全法國最強的巧克力師傅都聚集在首都巴黎，La Maison du Chocolat、Jean-Paul Hévin、Michel Chaudun、Pierre Hermé、Christian Constant、Patrick Roger、Jacques Génin、Patrice Chapon、Henri Le Roux、Jean-Charles Rochoux，最近連廚神亞倫‧杜卡斯（Alain Ducasse）都來參一腳。雖然不是每家都優如其名，更有太多連提都不想提的師傅，但這怎麼說都是夾心巧克力的夢幻隊啊！（噢，別跟我提比利時巧克力，我會翻臉。）萬萬沒料到，在南法偏遠的迷你小鎮上有位康布里尼先生，狠狠賞了大夥一記耳光。

　　夾心外層巧克力厚度恰好；甘那許內餡溫度完美，軟硬完美，多一分則太乾，少一分則太濕，保有一定韌性，讓牙齒享受如熱刀切奶油般的情色愛撫。乳化程度決定甘那許質地，質地決定它在嘴中的融化速率、風味發展及擴散性。軟若奶水成河，細如薄暮光絲，巧克力的千百滋味從味蕾傳到腦袋，開綻滿身雞皮疙瘩。很久沒有這麼感動，上回可能是第一次嘗La Maison du Chocolat的原味夾心的時候。

　　暑熱，鎮外有座蔭園，我坐下享用剛拿到手的巧克力。一對老夫妻吃力地走上坡，客氣地問可否坐在我身旁。「當然沒問題。您要來顆巧克力嗎？」「不用不用，謝謝你，你太客氣了。」過一會，老婆婆嘆道：「今天天氣很美哪！」

　　如果空間能限制人類活動、社會發展，它一樣能鎖住人追求完美的決心嗎？這位師傅到底是為什麼要在這麼小的地方開一家店，當他明明有資格挑戰更大的舞台？「因為這是他的家鄉啊～」正細心打包牛奶糖的老闆娘在櫃台後方說道，「雖然我們也想到尼斯、坎城，甚至巴黎這些大城市開店，但對於我們來說，這裡是家。」

　　我的家啊？離開有一陣子了呢，台灣。六年前初次製作巧克力，吃完一盒La Maison du Chocolat就下定決心要來法國，義無反顧至今，進入斐杭狄學甜點，到了Ledoyen與熱南實習，吞下上千甜點和上百巧克力。噢，生命待我不薄，請讓我謙卑地把這些美好帶回家吧。

　　巧克力，乃至任何工藝，都沒有學成的一天。日復一日專注在他人眼中微乎其微的事物上，用天地力量展現人類意志之美，永遠不應止息。縱使市場昏暗不明、消費者手足無措，但我不想放棄，也不會放棄。經過法國一年半的爆炸性學習、成長與體悟，沉潛多年的巧克力該上岸了。

　　很多人都問我接下來要做什麼。你知道嗎？我格外喜歡巴黎人深知命運不可抗，卻依然故我，高傲不願低頭的一句 "On verra." 是啊，再給我一點時間努力，「讓我們拭目以待。」

23

後記：融錬之後 After the End

生命推展的方式玄妙無比。當年我想在台灣開店，最後去了法國學藝；在法國一心一意想留下磨練，最後卻回來台灣。

回台後，我開始反芻這趟不可思議的旅程。19歲被巧克力深深感動，一路自學鍛鍊，後來到法國學甜點、實習、旅行，最後回歸原點。寫下此段文字的兩個月後就是自己巧克力製作生涯的第八年了，我能帶給大家什麼？某種層面上，我想自己已經用這本書做了答覆。

面對不是固有文化的法式甜點，我們不應自卑，也不該鄉愿。我們必須認知到任何變化、創意都建立在扎實的基礎功上，唯有如此，創作才有內涵與價值。因此追求台灣定位的過程中，我們必須清楚意識並坦然面對自身不足。法國、日本深厚的文化底子，加上恐怖的敬業精神讓他們大幅地領先。我們不能躁進，要加倍努力勤練基本功，馬步站穩才能大談創意，未經鍛鍊的創意只有貽笑大方的份。

甜點市場有不同定位及需求，並非所有法式甜點都必須追求高檔奢華。但不論定位為何，職人都應以熱忱製作健康、安全，以及窮盡美味可能性的甜點，這是永遠的真理。要記得甜點世界以法國為中心，日本完全師法法國，而台灣甜點又受日本影響最深，我們獲得的常是落後外國數年的三手資訊與技術。如果不付出額外努力，很難與人相提並論。為了獲取第一手資訊，甜點師傅應積極培養英、法、日文其中一種外語能力。即便無法出國學藝，依然可以透過網路、書籍等媒介獲得受用無窮的知識。台灣資訊流通性極高，一旦有良好知識進入系統之中，整體環境素質會快速提升；除了語言外，誠摯建議未來甜點師要多多自學。傳統學習中，學校老師、職場師父就是你的天與地。他們是你獲取知識的唯一來源。但一人所知有限，利用發達的資訊管道多方接觸各種知識，以世界為師。透過自我探索、追求挫折、解決問題所獲得的是最穩固扎實的功夫。這個歷程更有助於加速未來一切的學習。

　　這幾年我看到越來越多有理想的職人加入業界，形成一股隱隱的力量。這股勢力或許尚不成熟，仍難抵擋市場獵奇、講氛圍的消費訴求。但隨著台灣食材精緻優質化，消費者健康、文化意識抬頭，這群師傅將有機會展現他們琢磨多年的想法，形成如同法國、日本的「甜點文化」，似乎也是值得期待之事。

　　長久以來，台灣一直被世界餐飲界忽略，直到近年因吳寶春、江振誠、陳嵐舒等前輩才漸得國際目光。有人可能會問：「何須在意外國人評價？為何不能孤芳自賞？」我以為走出台灣不是為了譁眾取寵，而是為了讓更多人認識進而欣賞台灣的價值，促進台灣與世界餐飲的對話。當前世界餐飲趨勢十分重視融合，當世界各地的廚師都在進行跨領域、文化的交流，我們大可不顧外界繼續獨樂樂；我們也可以向別人大方介紹自己。當越來越多人士認識台灣，會產生正向交流，台灣將不只是向外展現實力，更可以吸收世界餐飲的活力。這也正是我打算做的事。

年少輕狂如我在嘗遍法國巧克力之後，內心燃起到法國巴黎開一間巧克力店的野心。這想法極度瘋狂，我知道。當前除了日本人，巴黎業界檯面上沒有任何一位知名的亞洲甜點師傅。高傲的偏見、強大的傳統、排外的制度，種種因素使得鮮少師傅敢挑戰在巴黎開店。但正因為史無前例，正因為困難萬分，才有奮力一搏的價值。這是遠而大的目標，需要步步踩得扎實入地。

　　我的下一步是在台北設立實體工作室。鑽研巧克力多年，也該是時候脫離業餘者的保護罩，用職業的身分和態度呈現自己的作品。我希望這個工作室成為自己的甜點練功場，透過鍛鍊、交流將甜點功力提升到巧克力的水平。同時，我要將法國習得的甜點技術運用在台灣食材上，讓自己與土地產生聯結。經過多年準備後，當確認自己在技術、心態、經營各方面成熟，我要前進巴黎，自豪地用巧克力展現台灣特有的迷人風土。或許我會一敗塗地，或許我連去的本事都沒有，但只要想到或許，或許我有那麼絲毫機會成功，為這塊土地出頭——這個夢想就值得堅持到底。

　　不論在巴黎、台灣，抑或世界任何角落，作為甜點師一定要堅持。堅持是呼吸，不問為什麼，只因為不堅持會死。身為職人的靈魂與人格會徹底逝去，你彷彿從這世界消失一樣。甜點並非生活必需，當人們撥出生命可能產生美好的機會，轉成信任交到我們手中，甜點師傅的職責就是將自己的理念與用心灌注作品中，毫無所愧地回應人們的期待，並盼望自己的作品不只帶來愉悅，也能在別人的生命中盪起一波漣漪。

　　我謙卑地希望這本書有做到。

Vin
sur
Vin